YOUTH WISDOM

魏世杰爷爷讲故事
航空传奇

魏世杰 著

热爱科学
走向未来

魏世杰

电子工业出版社
Publishing House of Electronics Industry
北京·BEIJING

图书在版编目（CIP）数据

航空传奇 / 魏世杰著. -- 北京：电子工业出版社，
2025. 4. -- ISBN 978-7-121-49962-3

Ⅰ．V47-49

中国国家版本馆 CIP 数据核字第 2025GJ1230 号

责任编辑：常魏巍　　文字编辑：吴宏丽
印　　刷：北京缤索印刷有限公司
装　　订：北京缤索印刷有限公司
出版发行：电子工业出版社
　　　　　北京市海淀区万寿路 173 信箱　邮编：100036
开　　本：720×1000　1/16　印张：8　字数：153.6 千字
版　　次：2025 年 4 月第 1 版
印　　次：2025 年 4 月第 3 次印刷
定　　价：39.80 元

凡所购买电子工业出版社图书有缺损问题，请向购买书店调换。若书店售缺，请与本社发行部联系，联系及邮购电话：（010）88254888，88258888。

质量投诉请发邮件至 zlts@phei.com.cn，盗版侵权举报请发邮件至 dbqq@phei.com.cn。

本书咨询联系方式：（010）88254506，changww@phei.com.cn。

"两弹一星"核武老人魏世杰爷爷今年已84岁高龄，他的一生堪称传奇。作为科研专家，他将前半生的26年奉献给了核武器研究，多项成果荣获国家奖励；后半生则投身科普创作，笔耕不辍，屡获国家科普大奖。如今，电子工业出版社与魏世杰爷爷携手，精选其最优秀的科普作品，隆重推出"魏世杰爷爷讲故事"丛书。这套丛书共8册，涵盖天空、海洋、自然、航空、航天、原子、科幻、百科等领域，堪称一部适合少年儿童阅读的小百科全书。

今年年初，丛书中的《原子之谜》和《奇趣自然》率先面世，不到一周销量便突破2万册，足见读者对这套图书的喜爱。许多读者纷纷留言，期待其余各册尽快出版，以满足孩子们对科学知识的渴望。

科学普及是全社会共同关注的话题。著名科普作家叶永烈先生曾形象地比喻，科普作家的职责就像输电线路中的变压器。科学研究的论文和学术专著往往深奥难懂，如同"高压电"，难以被普通百姓接受；而科普作家通过通俗易懂的语言，将其转化为"低压电"，使其走进千家万户。魏世杰爷爷正是这样一位杰出的"变压器"。

这套丛书的最大特色，在于寓科学于故事之中。故事是科普的最佳载体，尤其对青少年而言更是如此。阅读魏爷爷的故事，绝不会感到枯燥乏味。他以生动的语言讲述跌宕起伏的情节，设置引人入胜的悬念，令人爱不释手。他的作品"假小说之能力，披优孟之衣冠"，让读者在不知不觉中"获一斑之智识"，从而对科学产生浓厚兴趣，萌发走进科学殿堂的强烈愿望。

叶永烈先生曾称赞魏世杰的科普作品为"中国科普园中一丛独具特色的鲜花"。这些作品中，有多篇入选大中小学语文阅读课本，甚至成为高考语文模拟试卷的阅读材料。

这套丛书不仅是知识传递的载体，更将科学探索的精神与科学史的宏大叙事融为一体，弘扬了人类在科学探索过程中实事求是的态度，以及不畏艰险、勇于攀登的大无畏精神。这对青少年的身心成长和人格培养具有重要意义。正如魏世杰爷爷所言："真正的科学探索，是星辰大海的仰望与脚下荆棘的共生。"

翻开这套丛书，小朋友们将开启的不仅是一段科学认知之旅，更是一次与共和国科技拓荒者的灵魂对话。愿这些文字如星辰指引航向，如原子激发能量，让科学之光照亮更多探索者的前行之路。

目录

神话时代：
飞行狂想

谁在操控这只木鹤？

昔人已乘黄鹤去，此地空余黄鹤楼。

黄鹤一去不复返，白云千载空悠悠。

这是我国唐代著名诗人崔颢游武昌黄鹤楼时写下的脍炙人口的诗句。黄鹤楼位于武昌蛇山。说起它来，还有一段绝妙的故事呢。

话说很久以前，神仙吕洞宾来到武昌。这一天，他登上耸立在长江边的蛇山，看到江水浩渺、船帆点点，感到十分有趣。但当他看到岸边是荒山野岭、空无一人时，却又伤感起来，说："此地如果能修一座高楼，凭栏远眺，那就更妙了。可惜没有这样能干的匠人！"

谁知话未落音，空中有人喊叫说："好啊，那我们就动手吧！"吕洞宾抬头一看，却是著名工匠鲁班。鲁班骑着一只色彩斑斓的仙鹤，从空中翩翩落下。两人施过礼后，鲁班从口袋中掏出一张纸来，说："我早就有这个打算。这里有一张草图，请仙长指教。"吕洞宾略微看了看，便问："这样复杂的工程，要多长的工期呀？"鲁班笑起来，说："今日天色晚了，明天告诉你吧。"

第二天清晨，吕洞宾来到蛇山，不禁大吃一惊：只见一座高楼巍然矗立，雕梁画栋，飞檐凌空，十分好看。高楼侧旁还有许多花园亭阁，与高楼相映成趣。精致的花墙沿江边山坡筑成长蛇形，琉璃瓦在阳光下熠熠生辉。整个建筑金碧辉煌，让人眼花缭乱。

这是怎么回事？

吕洞宾急忙奔上楼去，却看不到一个人影。正满腹狐疑间，他又听见嘎嘎几声鹤叫，一只仙鹤站在楼台上振翅欲飞。

吕洞宾心想："这分明是那鲁班要向我显示一下他的超群技艺，待我也和他开个玩笑。"说罢他口中念念有词，两指一伸，叫了声"停"，那仙鹤便应声倒地。吕洞宾上前一摸，感到仙鹤有些不对头，忙扒开羽毛观看。

哎呀，这哪里是什么仙鹤，分明是一个木头机器！

除了羽毛，全都是木头，敲上去咚咚直响，肚子里也吱吱乱叫。

"好呀，你赔我的坐骑吧！"鲁班大笑着从楼内走了出来。吕洞宾忙施礼道："大师神斧天工，让小神佩服得五体投地。可这仙鹤怎能用木头制得，又怎能飞上蓝天？请一定赐教。"

鲁班说："高楼既成，游人很快会闻讯而至。这里不便细谈。"说罢他从袋中取出一支洞箫，吹了一支曲，那仙鹤竟立即从地上跳起，随着节拍跳起舞来。鲁班骑到鹤背上，向上一指，仙鹤便长鸣一声，冲上云天。吕洞宾也不敢怠慢，急忙驾起云头，尾随而去……

这个神话故事反映了古代劳动人民的向往。人类起初企图到蓝天上翱翔，一定是受到了飞鸟的启发，最早设计的飞行器也和飞鸟相似。

蜡翼坠落：爱子坠大海

古罗马诗人奥维德在长诗《变形记》中，给我们讲述了一个有趣的故事。

很久以前，有个名叫代达罗斯的人，和他儿子伊卡洛斯，因触犯天神，一起被幽禁在一个荒岛上。

代达罗斯每天眺望着茫茫海水，苦苦地思索着逃走的办法。"难道我们父子就这样老死在这荒岛上？不，绝对不能！海路堵死了，可天上还有路呀！"

代达罗斯从观察飞鸟入手，认真地准备起来。他采集了许多羽毛，按大小长短把它们排列到一起，又用线和黄蜡把所有的羽毛串联起来。

这一天，代达罗斯把儿子叫到面前，指着做好的两对大翅膀说："孩子，它们是我们从荒岛逃脱的唯一希望。虽然危险万分，但值得一试。"说着，他先给自己装上翅膀。

当代达罗斯给儿子装翅膀时，眼睛湿润了。"这个孩子的两只胳膊多纤细呀！他能飞越这浩瀚的大海吗？"他正在安装的双手止不住地颤抖着。他嘱咐说："记住，孩子。你不要飞得太高，也不要飞得太低。太高了，太阳的热力会把翅膀烧坏；太低了，翅膀沾上海水会变重。你要介于这两者之间，紧跟着我飞。"

代达罗斯最后吻了儿子一下，便扇动翅膀，飞上了天。伊卡洛斯立刻展开双翼，飞翔起来。

太妙了，蓝色锦缎般的大海就在下面！他俩飞过了萨摩斯岛，又飞过了提洛岛和帕洛斯岛。岸边有垂钓的渔翁，还有挂着拐杖的牧羊人、手执耕犁的农夫。他们抬起头惊讶地看着，以为是天神路过呢！

伊卡洛斯开始有些拘谨，紧紧跟在父亲后面，小心翼翼地飞着。但他很快就觉得，这飞行并不是什么难学的事儿。他越飞越高兴，越飞胆子越大。面前是广阔而洁净的天空，远处有轻盈飘荡的白云。他心中有一股压抑不住的激情，情不自禁地脱离了父亲的路线，直向高空飞去。

离太阳近了！

太阳炽热的光芒，把粘住羽毛的黄蜡烤化了，羽毛一片片地脱落下来。伊卡洛斯拼命地拍打双臂，可空空如也。这时他才想起父亲的教导，但已经晚了，他一头栽进大海里。海面翻起了几朵浪花，漂浮着零乱的羽毛……

地毯奇行：王子的九天冒险

除了学习飞鸟以外，难道就没有别的办法可以让人飞起来了吗？

不！世界名著《一千零一夜》中介绍了另一种简单的飞行方法。

一位国王打发他的三个儿子外出寻宝。他事先讲好，谁寻得最好的宝贝就把国王的侄女努哈嫁给谁。

这一天，侯赛因王子在街上闲走。走累了，他便坐在一家店铺门口歇脚。

"谁要纯羊绒的地毯，四万金币！"有一个商人模样的人大声叫喊。

侯赛因王子一听感到很奇怪，什么样的高级地毯，值这么高的价钱？当他看到那人手里拿着一条又破又脏的小地毯时，不由得笑了起来。

"不要说四万金币，你白送给我，我还不一定肯要呢！"

"先生，你不晓得，这可是个稀世之宝啊！不管谁坐上去，只要诚心诚意地说声'飞'，地毯就能飞上九天，把人送到想去的地方。我缺一个金币也不卖，四万金币！"商人说。

"试试看行吗？"侯赛因王子很感兴趣地说。

那人铺开地毯，自己先坐在上面，然后让侯赛因王子坐在身旁，说了声"飞！"只见地毯四周先抖动起来，抖动的范围逐渐加大，地毯渐渐升起。很快，地毯越过房屋，掠过树梢，直向蓝天飞去……

地毯示意图

侯赛因王子又惊奇又害怕，紧紧拉住那人的衣服，生怕被摔下去。但那地毯飞得平稳，人指向哪里，它就飞到哪里，灵活极了！

侯赛因王子大喜，立刻拿出四万金币买下了地毯。后来，侯赛因王子兄弟三人乘坐这条神奇的地毯飞回了王国。

这个故事荒唐吗？也许有点。但如果有人告诉你，气垫船和气垫车的祖先就是地毯，你有何感想呢？

高墙复仇：
铁匠的羽毛战衣

5世纪的一天，某海滨来了两个衣衫褴褛的大汉。他们在村头摆下了铁匠炉。顷刻，炉中风声呼呼、烈火熊熊，两人叮叮当当地干起活来。人们感到好奇，都围上来观看。

"诸位，我叫韦兰，这是我的弟弟。"其中一个紫红脸膛的大汉开口说，"我们有祖传的技艺，锻造的宝剑可经历百战而不卷刃，而且花纹精美，价格公道。诸位请看。"他说着就拿起一把光芒四射的宝剑，挥舞起来。

"敢和我比一比吗？"一位胡须花白的老人从人群中走出来，手里也握着一把宝剑。

那紫红脸膛的大汉一见，二话没说，挺剑迎了上去。一挥剑，咔嚓一声，老人的剑被截成两段。

老人大惊，将大汉拉到僻静的海边，说："壮士有如此高超的技艺，却沦落到这地步，必有根由。不瞒你说，我是这个村里的长者，大家都听我的。你不妨把自己的苦衷说出来，也许我们能帮到你。"铁匠见他真心实意，便一边痛哭，一边诉说起来。

铁匠韦兰祖居维也纳，和弟弟一起靠打铁制剑为生。当地有一官绅，为富不仁，经常欺压百姓。官绅的儿子更是流氓成性，坏得出奇。有一天，这位花花公子看到韦兰的妻子杜娜长得漂亮，便生了歹心。

这天傍晚，杜娜到河边洗衣服。突然闯出几个蒙着脸的强盗，把她架起来就走。韦兰闻讯赶到，强盗和妻子却无影无踪了。几天后，韦兰在官绅家后墙外面的荒山上，发现了杜娜的尸体……

"是那花花公子干的吗？"老人气愤地问。

"后来，官绅家的仆人告诉我，杜娜被捉进府后，不吃不喝。在预定成亲的那天下午，她和花花公子搏斗了一场，从楼上跳了下去。"韦兰说着，流下泪来。

"那么，你想——"老人说。

"我要做第二个伊卡洛斯，插上翅膀飞回去报仇！"韦兰擦干眼泪，握紧了拳头。

"这可难呀！我们这儿虽是伊卡洛斯当年遇难的地方，可是能飞上天的翅膀究竟是什么样子，我们并不知道。"老人想了一会，又说，"这样吧，我和村民们商量一下，尽量帮助你。"

从此，韦兰兄弟二人和村民们到处搜集羽毛，在那位善良老人的指导下，开始秘密地制造飞行衣。当然，这次他们不再用黄蜡和细线了，而是用当地最坚韧的棕绳将羽毛穿起来。至于这飞行衣的详细结构，史料没有记载。总之，制成后的飞行衣效果很好。

一切准备就绪，韦兰只身一人携带飞行衣悄悄潜回了故乡。

这天，官绅的儿子吃过晚饭，照例由一名美女陪伴到后花园散步。只听"扑啦啦"一阵响，一只巨大的"老鹰"越过高墙，直向他扑来。那美女吓得惊叫一声，昏厥倒地。那只"老鹰"却并不理睬，一把将那小子提了起来。

"小子，还认得我吗？""老鹰"说话了。

花花公子睁开眼一看，顿时吓呆了：啊！这不是铁匠韦兰吗？当年他不是在官府威逼下逃走了吗？什么时候变成了会飞的神仙？

"饶我一命吧，你要什么都行……"

韦兰冷笑一声，在花园上空盘旋了几圈，说了声"去吧"，便把这个作恶多端的花花公子从高空摔了下去……

古代奇器：
人类的
第一双翅膀

风筝：中国古代的空中密探

有趣的是，人类向飞行的理想迈出真正有价值的第一步，是从制造一件玩具开始的，这就是风筝。

风筝是中国人发明的，至今已有2000多年的历史。传说楚汉名将韩信用丝绸制成可测距的军用风筝。

刘邦征讨叛臣陈豨时遇到了困难。陈豨倚仗兵精粮多，在代地固守。刘邦久攻不下，心里十分着急。

这一天，韩信对刘邦说："看来强攻难以取胜，现在唯一的办法是挖掘地道，然后里外夹攻，一举可取。"

刘邦沉思半晌，摇头说："此计虽妙，但这样长的地道，能挖得准确吗？我们又怎么量得出到代地的准确距离呢？"

"我已筹划停当。"韩信笑着说，"我做了一个会飞的小'密探'。"

这是一个用丝绸做成的风筝，很像一只蝴蝶。样子不很好看，却飞得稳当。韩信一边放线一边计量线长，当风筝飞到代地时，距离也就量出来了。

自汉至唐，风筝一直是民间罕见的珍品。除用作测量外，它还是很实用的军事通信工具。

南北朝时期的梁武帝在太清三年（549年）时，被叛将侯景围困在台城，当时城内粮草断绝，形势危急。城外虽有援军，但城池被围得水泄不通，谁能去联系呢？

这天，忽然有一位名叫羊侃的将军闯进来，喊道："陛下，我有办法了！"梁武帝见他手拿一只风筝，一时摸不着头脑。羊侃说："请陛下写一救驾密诏，藏在风筝中。现在风力正顺，城外援军见到诏书，就会立刻发兵。"梁武帝还未开口，太子萧纲在一旁听见，拍手叫道："好主意！好主意！父皇快写吧！"

萧纲来到太极殿前，将风筝放出，满以为这下有救了。谁知风筝刚放出城，就被侯景的军队发现了。一阵乱箭，风筝被射落下来。

羊侃和梁武帝远远看见诏书被敌人捡获，气得直跺脚……

唐朝以后，风筝的用途才开始由军事转为游戏和娱乐。开始玩的只有帝王、富豪，到北宋中期才在民间流行起来。

王莽悬赏飞天勇士

有关"飞人"的传说，在中国著名史学家班固写的《汉书·王莽传》中还记载了下面的故事。

公元9年，王莽当了皇帝。为了对付匈奴的侵略，他发布诏书，招聘天下能人。诏书上说，凡是奇人异士，都可获得重赏，并封官加爵，予以重用。

消息传开，举国议论纷纷，新皇帝刚上台，谁知道他说话算不算数？一个月过去了，应聘者寥寥无几。

这一天，一个年轻人身穿布衣，来到皇宫外求见皇上，自称有奇技绝艺。宫门守将见他穿得寒酸，警告他说："小子，要是说谎，犯了欺君之罪，是要掉脑袋的！"

"知道。"青年毫无惧色，拍拍胸脯说，"没有两下子，敢来吗？你禀报皇上，说我可以飞上云端，日行千里，匈奴的一举一动都瞒不过我的眼睛。有我做军队的耳目，保边境无事。"

王莽听后有些怀疑，便传旨让青年在未央宫宫门外试验。转瞬间百官到齐，王莽在前呼后拥之中在门前就座。

可那青年呢？大家左顾右盼，谁也弄不清他在哪儿。

"在那儿！"一位太监忽然大喊起来。

大家抬头看时，那青年不知何时，攀上了雄伟高大的阙楼房顶，正站在那儿笑呢！

"这小子吃了豹子胆啦！"一位老臣摇头不已。

"我看，怕是个疯子。"另一大臣说着，鼻子里哼了一声。

那青年并不慌张，他开始"装扮"起来。只见他在身上粘上许多长长短短的羽毛，头和脸上也都粘满了羽毛，只留下两只眼睛。他又取出两只大鸟的翅膀，用许多环扣绑到胳膊上。弄好后，他扇动了几下翅膀，远远看去，活像个硕大的怪鸟。大家偷偷笑起来，王莽也皱起眉头，冷眼相看。

青年伫立不动，似乎在等待什么。

忽然，一阵风吹过，飞檐上的铃铛作响。那青年双翼平伸，双脚一纵，凌空而起。

但那青年只"飞"了数百步远，就从空中坠落下来了。太监们急忙上前观看，只见他坐在草地上，正咬着牙关揉腿呢！

"这就是你日行千里的功夫吗？"王莽见太监们搀扶着他一拐一瘸地走来，便笑着问他。

"陛下有所不知，"那青年毫无顾忌地侃侃而谈，"飞行之术一是要胆大心细，二是要有一双好的翅膀。小民的翅膀用了3年，早已破旧损坏，有今日之功已属不易了。如蒙皇恩，赐我一对大翅膀，何愁不能一日千里呢？"

"一派胡言！"王莽喝道，见那青年言过其实，又放肆傲慢，本想治他的罪，但又想到求贤诏书刚刚公布，应聘者本来就不多，治罪的事传扬出去谁还敢再来？于是他降旨："赐车2辆、马6匹，授以理军之职，继续练习飞行！"

班固在《汉书·王莽传》写这段史料不可完全视为无稽之谈。可惜的是，书中没有说明两只翅膀的大小和轻重，也没有详细介绍飞行的动作。但科学家认为，如果这段史料是真的，飞行的动作只可能是两翼平伸从高处滑翔。

航空传奇

张衡的木鸟：
机械飞行的奇迹

东汉时期，南阳郡西鄂县诞生了一位伟大的科学家——张衡。

张衡在担任太史令期间，记录了 2500 颗恒星，画出我国第一张完备的星图，又制造了世界上第一架自动天文仪器——浑天仪。这台仪器非常巧妙，靠滴漏推动，人坐在屋子里便可从仪器上看到哪颗星正从东方升起，哪颗星已到中天，哪颗星就要落下。你跑出屋子一看，天空中的实际情况和浑天仪表示的一模一样。许多人对此都拍手叫绝。

有一天，张衡正在院内踱步，忽听"啪啦"一声响，一只飞鸟落在脚下。捡起看时，鸟的腹部中了一支翎箭，正在垂死挣扎。张衡是个爱鸟的人，看了心中不忍，急忙给它包扎治伤，但那只鸟还是很快就死了。

张衡手捧死鸟长叹不已。他仔细观察了这只鸟的翅膀和形状，不禁自语道："如造一木鸟，腹内装上机关，像浑天仪一样让它自动运转，产生力量，不知能否飞上天去？"说干就干，他马上回到屋里设计起来。

不久，张衡的木鸟制造完毕。这只木鸟浑身粘满了漂亮的羽毛，肚子里装有特殊机关，还有两只活灵活现的眼睛，看上去很威武。张衡找了个风和日丽的日子到郊外试放这只木鸟。

张衡家附近有个花花公子，整天游手好闲，尤爱猎鸟。他看到张衡手里托着一只又大又美的"怪鸟"，心里纳罕，便尾随而来，想看个究竟。

这天，春暖花开，郊外游人不断。张衡将木鸟肚中的机关拨动，向天上一抛，那木鸟便腾空而起，直向远处飞去。

那花花公子一见，哪里肯舍，只见他长袍一甩，就跟着那鸟奔跑起来。

"不要追，那是我的机器！"张衡大喊道。

那花花公子不但不听，反而取出弹弓，对准"怪鸟"打去。只听"当"的一声，一石正中鸟腹。可那"怪鸟"似乎并不在乎，只向上窜了一下，又继续飞行。

花花公子一惊，心想，往日打鸟，一石中腹，立刻坠落下来。张衡的这只鸟莫非是神鸟不成？他把弹弓一扔，更加拼命地追赶起来。那"怪鸟"开始有些摇摆，后来越飞越快，一直飞了三里多路。那花花公子实在跑不动了，一屁股坐在地上直喘粗气。

说来也怪，那"怪鸟"似乎也累了，一头从空中栽了下来，刚好落到花花公子脚下。"怪鸟"肚子已经摔坏，里面露出许多齿轮、木柱、线索之类的东西。花花公子一见又是一惊！

这时，其他游人和张衡也赶到了。张衡急忙弯腰把奇形怪状的机关收拾起来，顾不上回答游人七嘴八舌的询问，急匆匆地回家去了……

张衡在他自己的著作《应问》中记载了制作木鸟的事。可惜，因文献记载得太简单，我们现在无法弄清木鸟的详细结构。

松脂灯：夜空魔法

最早的热气球是中国人发明的。2000 多年前，汉朝《淮南子》中写着："艾火令鸡子飞。"高诱注："取鸡子，去其汁，燃艾火纳空卵中，疾风因举之飞。"这段话的意思是，取一个鸡蛋来，把它打破个小口，把蛋液倒掉，在空蛋壳里点上火，蛋壳就会飞起来。这个试验我们重复不了，因为有人从理论上计算说这是不可能的。但可以看出，远在 2000 多年前，中国已经有人注意到热空气的浮升作用了。

1000 多年前，我国五代时期女将莘七娘发明了一种松脂灯。

一个漆黑的夜晚，莘七娘身披战袍，威风凛凛地站在军帐前。副将禀报说："攻城准备一切就绪。但今夜无月光，看不清帅旗。这可如何是好？"

莘七娘嫣然一笑，对随身女兵说："去，取松脂灯来！"

　　这灯用竹篾扎成，外糊薄纸，十分精巧。灯底安放有一块松脂。莘七娘将松脂点燃，热空气进入灯中，便产生升力，将灯托上了天空。

　　围城将士见空中明灯高悬，一齐擂动战鼓，架起云梯，冲上城去……

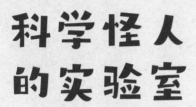

科学怪人
的实验室

达·芬奇的神秘图纸

    1893 年，都灵皇家图书馆奉命整理著名科学家、画家、工程师达·芬奇的遗稿。有一次，工作人员突然从一本书中看到了几张纸片。

    "这是什么？飞行器！"工作人员叫了起来。

    正是。有一张图上画着装有鸟羽的滑翔机，人可伏在机器中部，用手搬动前部横杆，控制飞行方向。另一张则更妙了，那飞行器上面有一个可以旋转的长臂，下面装有齿轮，可以用人力踏动。这不就是直升机的雏形吗？这两张图的内容公布后，人们对着被埋没 400 多年的这两项发明纷纷议论起来。一方面大家佩服这位大师的聪明才智，另一方面又迷惑不解：达·芬奇当时为什么既不公开又不动手制造这两个机器呢？他在等待什么呢？

    这至今仍是个谜。

    科学家认为，达·芬奇的直升机草图，是受了中国玩

达·芬奇的飞车草图

具竹蜻蜓的启发才画出来的。

在一片削成扭曲形状的竹片上，中间插一根垂直的细竹棒，两个手掌夹住竹棒用力一搓，然后立即松手，竹片和竹棒便会"嗖"的一声直窜天空。这就是竹蜻蜓。根据英国大百科全书的记载，这种带有旋转臂的"中国陀螺"是在15世纪中叶传入欧洲的。

由于受到空气阻力和重力的影响，竹蜻蜓上天后越转越慢。当升力小于本身的重力时，就会落回地面。显然，如果有一种动力装置能使竹蜻蜓不断旋转，它就会在空中长久飞行。

竹蜻蜓操作示意图

锁匠的"翅膀"：第一台人力飞行器

在欧洲，第一台人力飞行器是法国一个名叫贝尼埃的锁匠制造的。

1678 年的一天，锁匠贝尼埃试探性地对妻子说："亲爱的，你想不想上天去玩玩？"

"想啊，可我们是凡夫俗子。"妻子以为他是在开玩笑。

"凡夫俗子也能上天。我最近设计了一台机器，很简单，但很巧妙。你来看看！"锁匠认真地说。

妻子好奇地跟他来到一间作坊，只见地上放着两根长木杆，两端各装一个带铰链的叶片。当把杆向上摆动时，叶子下垂合拢；当把杆向下摆动时，叶片就张开了。锁匠拿根木杆上下摆动了几次，露出得意的神色。

"这就是会飞的机器？这翅膀为什么是活动的？"妻子大惑不解。

锁匠贝尼埃制造
的飞行器

"妙就妙在这里。你想啊，翅膀要上下不断扇动，向上扇时要往下动，向下扇时要往上动。如果是一块平板，怎么能飞起来呢？"

"可以试试吗？"妻子听他讲得头头是道，有些心动了。

"当然可以。不过起飞点要高一些才好，至少要到房顶上。为防万一，我想把家里的被褥全搬出来，铺到地上。"锁匠对着妻子笑起来。

"闹了半天，你想糟蹋我们家的东西啊！不行，我不同意！"妻子发起火来。

"不过，你知道，飞天的乐趣是无法用语言形容的……何况，我绞尽脑汁才造出了这个机器。"锁匠耐着性子解释说，"如果成功，你要回娘家去就不用坐车、坐船，不用受颠簸之苦了，只要扇动几下，你就飞了回去……"

"这玩意儿真能成功？"妻子又有些心动了。

"那当然，我的手艺远近闻名，你不相信？"锁匠很自信地说。

很快，他们在院子里铺上一层用被褥及毛毯等组成的软垫，妻子站在屋顶平台上，手扶着那台"飞行机器"。

"让我先来吧！"锁匠在院中喊。

"我不怕！"妻子牙一咬，眼一闭，跳了起来。那叶片还没有张开，她就摔倒在软绵绵的被褥上了。

"要用力扇动呀！"锁匠一面说着，一面修理木杆。很快，他站到屋顶上了。他看看地面，又看看机器，这才跳了起来。他用尽全力扇动叶片，机器果然向前斜飞了起来。

但当他刚飞出"软垫"的边界时，就重重地摔了下来。妻子大惊，忙跑上前去。锁匠腿摔断了，鲜血染红了裤子……

贝尼埃准备试飞

徐正明的飞车：
竹蜻蜓冲上云霄

17世纪下半叶，江南水乡，水波粼粼，绿苗泱泱，一切显得和谐而恬静，偶尔可以听到在绿树环抱的村庄中传出几声高昂的鸡鸣。

乡间蜿蜒的小路上，两名县衙的捕快手执锁链，大步流星地走着。

"王头，"矮个子捕快先开口了，"听说这徐正明是远近闻名的活鲁班，木工手艺不错，到底犯了什么罪？"

"说来话长了。10年前，他给县太爷上书，要求帮县太爷制造飞车。"高个子捕快说。

"飞车？"矮个子捕快蒙了。

"没听说吧，"高个子捕快摆出一副有学问的架势，教训对方说，"怪你看书太少了。诗仙李白说：'羽驾灭去影，飙车绝回轮。'大文豪苏东坡说：'我欲乘飞车，东访赤松子。'他们讲的都是飞车呀！飞车只有神仙才能坐，每天可飞三千里。碰上顺风，可飞万里呢！"

"这么厉害？"矮个子捕快伸出舌头说，"这徐正明竟敢和神仙相比，真是发疯了！"

"可不是！10年前他拿着一张图纸到县衙，县太爷一看就恼火了，一顿乱棒把他轰了出去。"高个子捕快说，"谁知他走火入魔，迷了天性，硬是要干到底。他什么都不管，整天捣鼓飞车，本来家境不错，几年下来，家产都被他折腾光了。他却毫不反悔，越干劲头越大了！"

"飞车做成了吗？"矮个子捕快说。

"这次乡绅联名告他妖言惑众，危害乡邻，要县太爷给他治重罪呢！"

两人正走着，忽然被奔跑着的人群撞倒了。"快！快！看飞车去！"

顷刻间，男男女女、老老少少都从屋里跑了出来，一齐向村东头的晒场上拥去。等两名捕快赶到时，那里已挤得水泄不通了。

晒场中央停放着一辆飞车。这东西看上去像一个特大号的竹蜻蜓。上面有木制的可旋转的翼臂，下边有一个类似圈椅式的座位。座位周围有扶手，可保证人的安全。脚踏处有一对踏板，与座位下的许多齿轮相连，齿牙交错，做工十分精巧。

突然，吵吵嚷嚷的人群安静下来。有一个人推开人群，走向飞车。他个头不高，身穿粗布衣，头戴旧毡帽，辫子盘在后脑勺上，看上去不过三十几岁。他面容瘦削，但双目炯炯有神，显得精明能干。他不断向乡亲们拱手致谢。

"是徐——"矮个子捕快拿起锁链刚要走，被高个子捕快一把按住。高个子捕快说："且慢，我们也看个热闹。"

徐正明坐上飞车，两眼望天，合掌默默祈祷。此刻，他的脸色显得那样严肃、刚毅。

他踏动踏板，飞车上的木翅开始旋转起来。周围的人群向后移步，因为他们感到，有一股气流朝下吹来。

木翅越转越快，飞车开始脱离地面，升了起来……"好！好！"大家齐声喝彩。

但徐正明停止踏动，飞车渐渐落下。徐正明跑回家去，取来一个较大的齿轮，钻进飞车底下鼓捣起来。

不一会儿，他坐上飞车，再次起飞。这一次他飞得更高了，离地面约有数尺。他在空中略停片刻，便扳动手舵，那飞车径直朝前飞去。

"危险！小心！"大家看到飞车前面有一条波浪翻滚

的大河，不由得惊叫起来。

　　徐正明毫无惧色，振作精神，用力踏动踏板，飞车竟从河上飞越过去……

　　"不好，这小子跑了！"矮个子捕快突然醒悟过来。"快追！"高个子捕快也从惊愕中醒悟过来……

热气球首航：
书记官的冒险

在徐正明造"飞车"以后的 100 多年，人类找到了另一条上天的途径。

1731 年夏天，俄罗斯梁赞地方法院的书记官涅烈赫捷茨·克略库特诺进行了一次惊人的试验。

克略库特诺是一个飞行爱好者，业余时间看了不少书。伊卡洛斯、铁匠韦兰、锁匠贝尼埃等人的故事，他都能背下来。既然用扑翼法和制造飞行机来上天那么困难，还有没有其他科学的方法呢？

古希腊的阿基米德发现了浮力原理。这个原理告诉我们，物体在流体中受到的浮力等于它所排开的同体积的流体的重量。水和空气都是流体，如果在气球中充入比空气轻一些的气体，那么，因浮力作用，气球不就升空了吗？

可是，到哪儿去找比空气轻的气体呢？

克略库特诺从火焰总是向上中受到了启发。

这一天，他拿着一只用轻纱制成的圆口袋，来到教堂前的广场。不一会儿，一辆马车"咔嗒咔嗒"地来了。他的男仆从车上卸下一堆干草，在广场中央堆了个草堆。

克略库特诺把干草点着了，火焰顿时腾空而起。

"请原谅，尊敬的神父，我想借这个广场进行一个小小的试验，证明人是可以借自己的力量上天的……"克略库特诺很有礼貌地微笑着。

"先生，你要干什么？"一位神父生气地跑过来喊道，"请你立即把火熄灭！"

"什么？"神父大叫起来，"你要上天？你活得不耐烦了！"

克略库特诺不再和神父纠缠，拉过大口袋，让烟气往口袋里灌。热的烟气比空气要轻一些，口袋渐渐升起来。热的烟气继续灌进去，大口袋开始载着他飞上了天空。

他坐在口袋下拴着的一个大套环上，激动地高呼起来。"我成功了！"

周围看热闹的人也跟着喊了起来。

这只被热空气灌满的气球，飞过了白桦树顶，袅袅上升，一直向上升去……

起风了！风力把气球吹得向西偏离。西边是耸立的教堂钟楼，上面有高高的塔尖。气球直撞到塔尖上，只听"嘶"的一声响，气球被塔尖刺破，克略库特诺从半空中摔了下来……

大家不忍看这悲惨的一幕，都"呀"的一声，闭上了眼睛。

谁知当人们睁开眼时，他安然无恙地站在地面上。原来，他及时抓住了气球上的一根绳子，在气球破裂前的一瞬间滑到了地面上。

神父吓得脸色苍白，不断地在胸前画着十字……

飞艇！蒸气与氢气的战争

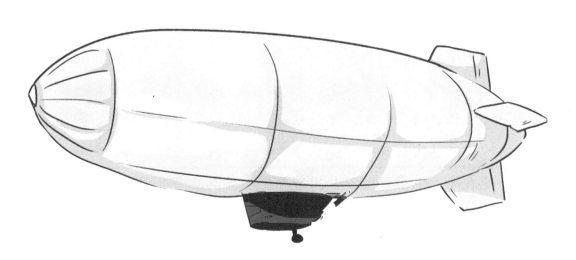

咕咕嘎嘎！
动物先上天啦

　　世界上首次成功的热气球载人飞行，是法国人蒙戈尔菲耶兄弟实现的。

　　约瑟夫·蒙戈尔菲耶和雅克·蒙戈尔菲耶是造纸商，业余时间都喜欢学习飞行。开始他们制造了一些扑翼飞机，但都没有成功。

　　1782年的某月，雅克连续几天看到他的哥哥约瑟夫一个人关在屋子里搞"秘密活动"。为了查清秘密，雅克决定进行一次"侦察"。

　　约瑟夫下班回来了。他一进卧室就把门紧紧锁上。

　　雅克蹲在门口，透过锁眼观察着哥哥的一举一动。

　　约瑟夫打开一个小柜子，拿出一块漂亮的绸布，仔细地在布上做上记号，又用剪刀小心翼翼地将布剪开，铺在桌面上。

　　"要做衬衫？"雅克瞪大眼睛，心中猜测着。

约瑟夫满头卷发，身材魁梧，拿起针线来却显得笨手笨脚。约瑟夫用粗大的手指穿针引线。丝绸在他手里不停地跳动着，很快变成了一个口袋！

"也许，是送给哪位小姐的礼物……"雅克继续乱猜着。

约瑟夫盯着口袋看了一会儿，突然，他划着火柴，点燃了桌上的废纸，迅速把口袋罩到火上。转眼间，口袋被热空气充涨得滚圆，约瑟夫叫声"好"，一松手，那口袋便"啪"的一声，冲上了天花板。

"成功了！"约瑟夫喊起来。

这是约瑟夫第一次成功。

从此，这个小镇的上空，经常有蒙戈尔菲耶兄弟的热气球在飞行。开始时气球很小，后来越来越大；开始时气球的颜色单调，后来涂上了各种彩色；开始时气球什么都不带，后来下面出现了吊篮，篮里还装着一些东西。

这情景很是壮观：在夕阳余晖中，一个庞大的彩色大球升起来了，滚圆的，在蔚蓝的天空中遨游，远远看去，像一朵移动的花朵……

有一天，蒙戈尔菲耶兄弟俩正在吃饭，忽然听到一阵急速的马蹄声由远而近传来，接着是急促的敲门声。约瑟夫开门看时，一位穿着整齐的皇室侍卫服装的武士站在面前。

"你是蒙戈尔菲耶？"

"是的，是我。"

"国王有旨，请你立刻随我进宫。"侍卫从口袋中掏出一封信来。

约瑟夫知道法国国王路易十六要亲自观看气球表演，高兴极了，便和弟弟一起紧张地准备起来。

1783 年 9 月 19 日，巴黎凡尔赛宫前的广场上人山人海，有些郊区的农民也闻讯赶来。国王率领百官在观礼台上就座，兴致勃勃地等待着。

广场中央堆起了点火用的干草和羊毛。"让他们开始吧！"国王有些着急了。

"禀报陛下，他们兄弟俩正争着谁第一个上天……"值日官报告说。

"什么？谁叫他们上天的？"国王生气了，命令道，"叫他们过来！"

约瑟夫和雅克很快来到国王面前。他们今天都穿着漂亮的紧身衣服，很像马戏团的演员。看得出，他俩都很激动。

"年轻人，我很欣赏你们的勇敢。"国王温和地说，"可是，气球是否安全还没有证实，我不允许用人做试验，懂吗？"

"陛下，"约瑟恳切地请求说，"我们制造气球的目的就是要载人飞行，如果不载人，表演还有什么意义！"

　　"我不是反对载人，但必须谨慎。我想，第一次飞行可以派个动物，比如一只鸡或一只鸭，让它作人类的使者。"国王解释说。

　　"不，没必要。"约瑟坚持说，"我们已有充分准备，不会出问题。退一步说，即使出了问题，也是有意义的，后人可以总结经验和教训。动物不能操纵气球，也不会告诉人们登天的真实感受……"

　　"不行！"国王恼怒了，喊道，"我不愿意让千万臣民在今天看到一场可怕的悲剧！"

　　"如果是这样，我要求取消今天的试验！"约瑟夫也豁出去了。

　　"大胆！"几位大臣喝道。

　　就在这局势紧张的时刻，一向沉默的雅克突然说话了："陛下的话很有道理。不过，为了说明问题，除了一只鸡和一只鸭以外，我建议再加上一只山羊。这样，总重和一个人差不多……"

　　国王笑了。约瑟夫气得瞪了弟弟一眼，也笑了起来。广场上的火堆点燃了，热气球腾空而起。这气球高达 17 米，直径为 12 米，像一个倒挂的大梨。气球用金色的纸和布制成，还装饰有美丽的花纹，在阳光下漂亮极了！大家看着它摇摇晃晃，慢慢地升起，一齐欢呼起来。广场上立刻变成了欢腾的海洋。

气球下面的吊篮里，3位人类的使者——鸡、鸭和山羊探头探脑，惊慌不安，那只公鸡竟吓得大叫起来。人群中又爆发出一阵哄笑声。

气球一直升到500多米，才停止下来。

随着热气球里的气体冷却，气球开始慢慢下降。在高空气流的影响下，它向东偏移。8分钟后，气球安全降落在离广场3000米的地方。

人们蜂拥而上，争着观察那3位"使者"。令人惊奇的是，鸭子安然无恙，山羊身上沾满了鲜血，公鸡已经奄奄一息。

经过一番观察研究，最后得出了一个令人放心的结论：山羊和公鸡很不友好，它们一上天就争斗了起来，结果两败俱伤。

1783年11月21日，热气球再度在巴黎上空升起。这次气球里载着两名勇敢的人，他们在一片欢呼声中越过了奔腾的塞纳河，飞行了25分钟。人类几千年的飞行理想终于实现了！

热气球升空成功，引起举世轰动。飞行爱好者们纷纷转向对热气球的研究。仅仅过了 10 天，即 1783 年 12 月 1 日，法国的雅克·查理和尼古拉·罗贝尔便乘坐氢气球升上了天空。他们发现，用氢气充填的气球不但升力大，而且可以在空中长时间停留。另外，他们还发现高空中空气稀薄，特别冷，并不像人们想象的那样舒服痛快。

氢气球危机：
云中惊险时刻

1784 年 7 月 6 日，法国人罗伯特很早就起来了，简单地擦了一把脸就向田野跑去。

他远远地看到，一个大气球被系留索拴着，在空中摇摆。他放心了，因为昨天晚上刮了一阵风，他担心气球被吹跑了！

这个气球大极了！它像一条大鱼，长 15.6 米，最大纵截面直径为 9.6 米，充满氢气后可产生约 1 万牛顿的升力。罗伯特要让它成为世界上第一艘靠人力划动的飞艇。

"早啊！"罗伯特的弟弟带着四个助手走来了。

他们每个人的手里都举着一只"桨"，"桨"是一个带有大方框的木杆，框上绑紧了白布。

"听着，朋友们！"罗伯特大声说，"鱼在水里自由自在地游泳靠什么？靠鳍！我们的气球能在天上自由飞行靠什么？靠你们手里的桨！懂吗？"

"明白了，罗伯特。"一个助手笑起来，"我也明白为什么气球要做成一条大鱼形状了！"

"别打岔，这是严肃的事！"罗伯特说，"我们要像中国人划龙舟一样整齐，行动要一致。还有，这是冒险的事，谁不愿意参加，现在可以退出。"

"行了，罗伯特。"大家都有些不满意了。

除罗伯特的弟弟，大家都登上了吊舱，分两排坐好。"桨"都伸到舱外，准备划动。罗伯特高兴地对弟弟说："解开系留索！"

气球扶摇而上。

开始时大家都挺高兴，但很快就紧张了起来。怎么回事？原来气球充气时是在地面附近，气压高一些。升入高空，气压降低了，气球便越胀越大。所以，制造气球时必须留排气阀门。对于这一点，罗伯特疏忽了。

"危险！"弟弟在地面上大喊起来。

"怎么办？"艇上的 4 个人都盯着罗伯特。

气球越升越高，气球越鼓越大，他们已经听到"啪啪"的响声了，眼看气球就要爆炸！

就在千钧一发之际，罗伯特的手突然碰到口袋中的一串钥匙，他灵机一动，喊声"有了"，迅速顺着吊舱的绳子向气球爬去。

罗伯特取出钥匙环上的小刀，对着气球猛扎进去。只听"吱"的一声，氢气缓缓泄了出去，升力渐渐减小，气球慢慢降回了地面。

又过了2个月，罗伯特和助手们再次登上飞艇，他们用"桨"划动空气，终于使飞艇向前移动了。但是，飞艇飞的速度太慢，他们七个人累得筋疲力尽，划了整整7个小时，才使飞艇移动了5000米。

看来，依靠人力是不行的！

香槟"魔法"！飞艇急转弯

1852 年 9 月 24 日，晴朗的巴黎上空升起了一艘梭形的飞艇。这个充满氢气的大"梭"长 44 米，总载重为 2 吨多。艇上装有一台蒸汽机，前面有一个直径 3 米的大螺旋桨，每分钟可以转 110 转，轰隆隆地直响，气势十分惊人。

系留索解开以后，这艘飞艇便以每小时 9.4 千米的速度破风而去。人们满怀希望地等待它胜利返回，可希望破灭了，因为这架飞艇的操纵系统不完善，所以无法在空中转弯。当它飞到燃料耗尽时，就地降落了。

1884 年 8 月 9 日，是一个令人难忘的日子。这一天，法国科学院制造的电动飞艇"法兰西"号试航成功了！

当天凌晨 4 时，天色还处在朦胧之中，这艘长 51 米的飞艇便出发了。

"报告，9马力电动机已加到最高挡！"驾驶员说。

"时速多少？"科学院观察员身穿飞行服，戴着风镜，两眼盯着前方。

"2400米。"驾驶员说。

"试试方向舵！"观察员说。

大家突然感到一震，发现飞艇拐弯了。它本来向南飞，现在开始转向凡尔赛宫方向。

"很好！"观察员点点头说。

飞行一阵后，驾驶员报告说："离出发点已有4000米。"

"返航！"观察员高兴地说，"看来今天事事如意，准备喝庆功的香槟酒吧！"

这时，机器突然发出一阵怪响。电动机停转了，飞艇立刻失去控制，随风飘荡起来。

"怎么回事？"观察员慌了神。

一位机械师满不在乎地走过来。

"要不要放气迫降？"观察员说，"风很大，我觉得很危险！"

"不要慌。"机械师笑着说，"不为别的，为伟大的法国香槟，也不应该半途而废呀！我想这是机械故障，请等一下。"

故障很快被排除了。飞艇以 300 米的圆弧转了个漂亮的 180°，接着在 300 米高空放气，在离地面 80 米时扔下了系留索。地面人员将这个大家伙拉了下来。

观察员在庆功宴会上，为机械师斟上了满满一杯香槟……飞艇从此走上了蓬勃发展的道路。

齐柏林和他的"空中巨兽"

在飞艇发展史上，人们常常提到一位德国发明家斐迪南·冯·齐柏林伯爵。

1906 年 10 月的一天，在德国首都柏林的大街上，报童在大声喊叫：

"号外！号外！飞艇越过了阿尔卑斯山！"

"请看，伯爵变民族英雄！"

陆军参谋长汉斯刚迈出国防部大门，就被报童围上了。他不太情愿地掏出一枚硬币，买了一份报纸。当他回到家里浏览这份报纸时，却被上面的照片和说明打动了。

"有这样的事……飞艇有龙骨和长桁，有防水的蒙皮，长 127 米，载重 13 吨，只用了两个小时就飞行了几百千米，越过了阿尔卑斯山……"他自言自语地重复着。

"如果飞艇装上十几吨大炸弹，从敌方上空扔下去……"他继续想下去。

"来人！"他对仆人说，"到齐柏林伯爵的府上去一趟，请他立刻到国防部来。"

齐柏林是一个年近古稀的老人，精神却很好。他把毕生精力都献给了飞艇，可以说是历尽艰险，而他仍不满足。

"我感谢军事部门对我事业的支持。"齐柏林对汉斯说，"但恕我直言，我认为作为军用武器，飞艇是很脆弱的。首先，它体积大，转弯困难，很容易被敌人摧毁。其次，它的成本也高，制造和使用有危险……"

齐柏林巨型飞艇

"我仔细研究了您的发明，"汉斯拿出报纸，指着图片说，"这种硬式飞艇和以往的软式飞艇不同，它有一个坚固的铝制骨架，不充气也可以保持一定的外形。它的 17 个气囊是互相隔开的，即使有几个被破坏了，也不影响飞行。我说得没错吧？"

"当然。"齐柏林忧心忡忡地说，"但要用飞艇去投炸弹，应仔细考虑引起的后果。"

"这一点用不着你操心，我们负责。"汉斯果断地站起来说，"您在博登湖不是有个简陋的制造厂吗？我们立即拨款，将它扩大，达到每周生产两艘飞艇的能力。注意保密！现在，欧洲上空已经布满了战争阴云。我们要有一种神秘的从天而降的武器，使世界震惊！"

1914年，第一次世界大战爆发。

战局进展得很不顺利。德国国防部决定使用代号为"LZ-4"的齐柏林飞艇空袭巴黎和伦敦。

出师仪式非常隆重。巨大的飞艇上挂着彩旗，军乐队吹号奏乐。十几艘飞艇一字排开，把半边天都遮住了。在听完军界要人歇斯底里地大喊一通之后，飞艇发动了马达，呼啸着向西方涌去。

德国司令部的军官们感到很自豪。是呀，升限6000米，时速100千米，携带炸弹十几吨，还有比这个更厉害的武器吗？哪个城市能抵得住一次几百吨炸弹的轰炸呢？

一天傍晚，军官们听到西方传来隆隆的响声，都跑出去观看。不一会儿，一艘飞艇歪歪斜斜地从远处飞来。它的蒙皮上多处中弹，绳索也断了好几根。吊舱里躺着许多呻吟着的伤兵。

"怎么回事？其他飞艇呢？"有人问。

"全被高射炮击落了。太惨了！有几艘落到海里了。

我们还没有投弹，就遭到了炮击。"伤员
们有气无力地诉说着。

"没用，飞艇目标太大。"

汉斯发疯似的在飞艇周围走来
走去，突然命令说："请齐柏林伯爵
来看看！"

············

"为什么不做机动？"参谋长汉斯气得抓住一个驾驶员的领口吼道。

齐柏林飞艇参战失败后，被改为运输
工具。第一次世界大战后，许多国家开辟了飞艇定
期航班。飞艇越空往返，运客载货，被人们称为"空中轮
船"，发展很快。

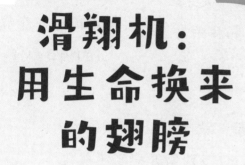

滑翔机：
用生命换来
的翅膀

风洞之谜：
"百叶窗"飞机的启示

一天，一名法国海员正在轮船上凭栏眺望地中海的旖旎景色。忽然，一只信天翁落到了轮船的甲板上。信天翁是一种翅膀很大的海鸟，它两翅之间展开的宽度约为身体长度的 5 倍，常在宽阔平坦的海滩上起飞。轮船的甲板上有障碍物，这只信天翁难以展翅，被法国海员抓住了。

这个海员是个飞行爱好者，多年来探索飞机的制造方法，但进展不大。他看着这个送上门来的"活教材"，高兴极了，决心仔细研究一番。

他迎风站在甲板上，手执信天翁的两翅，做出飞行中的样子。当他拉开信天翁的两个大翅膀时，突然感到有一股明显的上升力。这不正是人们梦寐以求的上升力吗？他仔细抚摸着、观察着双翅，突然醒悟了：原来，飞行的秘密隐藏在翅膀的形状上。

他情不自禁地喊起来："我找到了！我找到了！"其

他海员见他手举飞鸟疯疯癫癫的样子，不禁大笑起来。

回家后，他做了一架小滑翔机，翅膀不是平面的，而是上凸下凹的，像信天翁的翅膀一样。这架滑翔机果然升起来了。

消息很快传开了。这时，英国有一个名叫菲利普斯的设计师，从理论上提出了解释。他说："为什么凸形的翅膀能产生上升力？这是因为空气流发生了变化。一部分空气在曲面前向上折去，翅膀凸面出现了一部分真空，凹面压力相对增大，就产生了升力。"

这个解释在今天看来是片面的，但菲利普斯认识到真空和升力的关系也是一大进步。

可是有许多种凸形，采用哪一种最合适呢？

有一天，菲利普斯找来一段直径很大的圆管子，将其放在地上并用架子支住。他让助手在一端猛力摇动鼓风机，强大的气流从管子另一端吹出来，吹得人睁不开眼睛。

"快！"菲利普斯喊道，"再使劲！"助手累得气喘吁吁，却仍拼命地摇着。

菲利普斯从口袋中掏出许多小木片、有长的、有扁的、有上凸下平的，还有弧形的，真是五花八门。他依次把它们放入强大的气流中，观察它们的升力。管口吹出来的风吹得他手发抖，但他仍坚持试验着。

"啊，最好的机翼形状！"他举起一块小木片，高兴地跳起来。

突然，他的笑容消失了。他看到自己忠实的助手已经累得昏倒在地，口里直吐白沫……

菲利普斯找到最好的机翼形状后，就开始设计飞机了。但是，他没能摆脱鸟类翅膀的束缚。他想，鸟有许多能产生升力的羽毛，飞机也应该有很多片机翼才行。他设计了一架有50个翅膀的飞机，远远望去，很像一扇高大的"百叶窗"。

这一天飞机进行试飞。人们看到"百叶窗"在风中升了起来，高兴极了！可是"百叶窗"刚升到一米左右，就"啪啦"一声摔了下来。

菲利普斯懊恼地哭了！

花园里的小飞机，
山顶上的大冒险

真是无巧不成书。德国有两个年轻人也在试飞，他们是奥托·李林塔尔和他的弟弟古斯塔夫·李林塔尔。

李林塔尔兄弟在一所中学读书，共同的兴趣使他们把课余时间全部用在飞行上了。

这一天，兄弟二人一放学就扔下书包向后花园跑去。那里有一座土山，是他俩用了几个月的时间堆起来的。山顶上有一小块平地，勉强可以放下他俩制造的小型飞机。

这哪里是一架飞机，简直就像一个大风筝！飞机的两个翅膀用纵的和横的木条做骨架，木条上面绑着绸布。木条中间留了一个洞，驾驶员的头和双臂可以从洞里伸出来。飞行的时候，他们的身子垂在下面，悬挂在空中。

"哥哥，"古斯塔夫个子不高，喜欢说话，"我看，干脆装上一台发动机，多带劲！"

"不，我们一定要循序渐进，不能急躁。去年，我们

放了一年的风筝。不，应该叫滑翔机，学到了不少知识。后来我们不用线拴着，它也能飞了。今天是第一次载人飞行，要特别小心。这次的飞行目的是摸清如何控制方向和掌握飞行的重心。"奥托身体结实，办事非常细心。

"这太慢了，我真想一下飞上天！"古斯塔夫说着就钻进"飞机"的中央空洞。

"等一下。"奥托拦住他说，"第一次还是我来，你的脚伤还没好。"

"为什么你总要打头阵？"古斯塔夫嘟囔着，还是钻了出来，说，"我的胆子不见得比你小。"

奥托不与他争辩，只管自己钻了进去。他看了一下风向标，喊道："推！"

飞机飞起来了！它像老鹰一样在花园上空飞翔！

飞机飞了几十米，开始下降。奥托脚先触地，向前跑了几步，平稳地停在绿茵茵的草地上。

"好！"古斯塔夫喊起来。

奥托休息了一会儿，第二次起飞，距离达到100多米。古斯塔夫也飞了一次，距离约为50米。他们高兴得忘记了一切，争着飞得更远。可天色已晚，街灯亮了，腰间扎着围裙的女仆大声呼唤他们，该吃晚饭了。

几年以后，奥托长大成人，变成了柏林有名的机械工程师。他设计过蒸汽锅炉、采煤机和采石机，多次获得政府和公司的奖励。但是，他最大的兴趣仍然是研究飞行。他和弟弟的滑翔练习从来没中断过。他们的知识基础更加扎实了。

1893—1896 年，兄弟二人共进行了 2000 多次滑翔飞行，最长的一次飞行达到 350 米。在飞行过程中，他们研究了升力与风速、倾角的关系，收集了许多数据。他们还建立了空气动力试验室，摸索飞行规律。他们撰写的论述飞行的著作，成为飞行爱好者争相购买的"课本"。他俩的名气越来越大了。

1896 年 8 月 9 日，奥托起床后到花园跑步。天高气爽，他感到很惬意，就去敲弟弟的门。"喂，我们到伊宁山去吧！"

"嗯，天气不错。"古斯塔夫睡眼惺忪地打开了门，说，"今天是飞行的好天气。"

"这样吧，你把那台发动机带上，到山顶的古城堡找我。我想进行一次新的试验。"

"你可要小心。我收拾一下，马上就来。"古斯塔夫叮咛说。他觉得，哥哥的胆子越来越大，很叫人不放心。

"放心吧，天上见！"奥托笑了。

太阳升起来，林中雾气开始消散。小鸟在树上叽叽喳喳地唱歌，樵夫在远处砍柴，一切都令人愉快。奥托哼起了民间小调。

古城堡到了！奥托放下滑翔机，坐在石头上休息。这个地方他来过多次了，一切都很熟悉。他想等弟弟来到以后再飞，但很快便改变了主意。一只雄鹰在头顶上翱翔，使他无法压抑飞行的欲望！

奥托很快驾着滑翔机起飞了！

多美呀！苍翠的山谷、湍急的溪流在身下掠过。远处羊肠小路上蠕动着蚂蚁似的小黑点，是上学的孩子吧？那是高耸的教堂吧？从天上往下看，教堂像是用精巧的积木搭成的，真有意思！

奥托移动了一下身体的位置。滑翔机立刻拐弯，向西山坡飞去。这种用移动位置来操纵方向和维持平衡的方法是他自己发明的。

"哥哥，小心！"

奥托转过头，看到山下有人在挥舞一顶红色的帽子。

"喂——"奥托正想说什么，忽然身体扭动了一下。他立刻惊觉起来。

"不好，有旋涡气流！"他迅速调整身体的位置，让倾斜的翅膀放平。忽然，刮来一阵怪风，翅膀又倾斜了，而且倾斜得更厉害了。当他再次企图恢复平衡时，却出现了最可怕的情况：飞机双翅直立，失去了前进的速度，从高空中坠落了下来……

古斯塔夫目睹了这一切，慌忙地向出事地点奔去，但一切都来不及了。飞机在乱石堆上被摔得粉碎，奥托倒卧在血泊中……

动力飞行！
天空属于人类

小玩具开启飞行时代

1903年12月17日，在美国基迪霍克村的一个海滩上，发生了一件惊人的事情：装有马达的载人飞机飞行成功了！

消息传出，人们议论纷纷。发明人是谁？人们在报纸上看到了两个完全陌生的名字：威尔伯·莱特和奥维尔·莱特。兄弟俩的职业是自行车修理匠。

这两个名不见经传的小伙子，凭借什么夺走了飞机发明者的桂冠？

事情要从他们的儿童时代说起。

一年秋天，在外地做工的爸爸回来。照例，孩子们扑上去，抢夺爸爸给他们带来的礼物。

"这是什么？"孩子们对着一个有翅膀的玩具愣住了。

"'飞机'，孩子们。"爸爸转动一个带橡皮筋的把手，一松手，"飞机"就飞上天去了。

两个孩子眼里闪着惊喜的光芒。啊，世界上还有这样新奇的玩具！

一个假期，他俩都在玩"飞机"。

"爸爸，"有一天，兄弟俩拿着许多自己制造的"飞机"来了，焦急地问，"为什么我们的'飞机'飞不起来？"

爸爸端详着他们手里粗糙的木片，安慰他们说："没什么，孩子。现在世界上许多人都在造飞机，可谁也没有成功。"

哥哥威尔伯 1867 年生于米尔维尔城，弟弟奥维尔比威尔伯小 4 岁。由于经济困难，他俩只受了几年的中等教育。为了糊口，兄弟俩在家乡开了一个小小的自行车修理铺，贩卖和修理自行车。

儿童时代的幻想经常浮现在他们的脑海中。"飞上蓝天，多神奇呀，可世界上竟没有人造出真正的飞机！我们有工具，又有基础知识和技能，为什么不去试一试呢？"他俩商量了一番，决定先给专家们写信，征求专家们的意见。

这一天，邮差送来了一大包邮件。打开一看，全是精装的大书：有马雷教授的《动物机能》；有李林塔尔的《飞行和翱翔》；还有兰利的《空气动力学试验》……

"还有一封信！"奥维尔喊起来。信上的内容是这样的：

航空传奇

尊敬的莱特先生：

你们的来信收到了。你们有志于飞行事业，并决心制造飞机，让我非常感动。但你们要有充分的思想准备，很可能身败名裂，而且制造飞机很费钱。总之，成功十分渺茫。

参考书有一些。但是，书的作者也都是失败者。请原谅我的直率，如果你们是一时冲动，现在改变主意还不晚……

顺致敬意！

史密森学会副理事长　R.腊斯本

这天晚上，莱特兄弟讨论到深夜。最后，他俩以坚定的口气给腊斯本先生写了封回信。信的结尾是："我们经过反复讨论并决定选择这条道路，原因很简单，我们相信人是能够飞起来的！"

从此，莱特兄弟开始刻苦学习。

莱特兄弟认真阅读一切有关飞行的书籍，并仔细做读书笔记，把数据抄成卡片进行分类、比较。阅读到有些关键章节，他俩反复讨论，从中汲取经验和教训。

问题逐渐清楚了，要制造飞机，有3个难题：第一是制造产生升力的翅膀，找到合适的形状；第二是发动机，目前还没有可用于飞机的大功率小型发动机；第三是飞机的平衡和操纵问题，这个问题最重要。

奥托·李林塔尔为什么会摔死？正是因为飞机的操纵问题没有得到解决。他发明的用移动身体来维持平衡的方法，禁不住大风的考验。

那么，有什么更好的方法呢？莱特兄弟集中精力地考虑着。

一天晚上，莱特兄弟的自行车铺灯火通明。为了庆祝妹妹的生日，他们举办了一个丰盛的晚宴。

妹妹的好朋友——美丽的西斯曼小姐，也应邀前来，这使晚宴更增添了欢乐的气氛。

"来，妹妹，祝你生日快乐！"奥维尔举起杯来。

"不，我家的规矩，应该先敬客人一杯！"莱特小姐说，"何况，西斯曼小姐也是你们的同学。"

西斯曼小姐举起杯，却忽然想起了什么，疑惑地问："好像你还有一位哥哥，他为什么不来？"

正在这时，门突然开了。威尔伯非常激动地走进来，悄悄地在奥维尔耳边说了几句，两人便一同跑了出去。

"他们怎么了？"西斯曼小姐感到非常惊讶。

"别管他们，为了造飞机，他们都快疯了。来，我们喝酒！"莱特小姐生气地说。

"哟，他们要造飞机？如果你不介意的话，我倒很愿意听听他们在说些什么。"西斯曼表示了很大的兴趣。两人戴上帽子，一同来到不远处的那间低矮破旧的作坊外面。在窗外，她们看到，暗淡的灯光下，莱特兄弟正在争辩。

"澳大利亚人试过。"奥维尔说，"盒形机翼升力大，平衡好一些，但操纵起来同样困难！"

"问题在于，前人的盒形机翼都是硬的，不能卷曲，所以难以操纵。如果我们把机翼做成柔软的、可以卷曲的，情况就不同了。"威尔伯从桌上拿起一个用胶纸做成的小盒子，捏住两角，用力一压，纸盒的边就卷曲了；他一松手，纸盒又恢复成原来的样子。

"看到了吗？"威尔伯说，"机翼要做成双层结构，并且要有弹性。用钢丝系住机翼的角，当需要增大升力时，让它卷曲的程度大一些；当需要减小升力时就让它放平一些。飞机如发生倾斜，可以通过对机翼一松一紧的操作来调节飞机的姿态……"

"是这样。"奥维尔沉默了一会儿，站起来，抓住纸盒子，连声说，"好！有道理！"又问哥哥，"这个窍门你是怎么想出来的？"

"还记得马雷的话吗？他说动物翅膀不是死的，是活的。我想飞机要成功飞起来，翅膀也不应该处于僵死状态。还有，最近我看到，当鹰被吹歪身体时，底下的那个翅膀总是立即增大角度来增大升力，这样鹰的身体很快就恢复了平衡！"

"可是，用什么木头才能制成柔性的机翼呢？"奥维尔蹙起眉头，思索起来。

"用薄槐木！"忽然窗外响起女人的声音，莱特兄弟吓了一跳。

原来，西斯曼小姐听见谈话，心中钦慕，情不自禁地说起来。莱特兄弟先是一惊，后又大笑。几个人商量一番，很晚才回去安歇。

莱特兄弟制作的飞机

1900 年 9 月，莱特兄弟的第一架飞机制造成功。按照美国气象局的建议，他们把飞机运到最多风的基迪霍克村，准备进行试验。

那里有偏僻的海滩，海风徐徐吹来，令人心旷神怡。

"来，把飞机拖起来！"威尔伯手执

风速计，对弟弟说，"我看今天风不会小，我们应该做好准备。"

"让我上去操纵好吗？"奥维尔把飞机放置在海滩上说。

"不，谁也不要上。"威尔伯用两股钢绳把飞机的滑橇拴住，一股自己拿着，另一股递给奥维尔，嘱咐说，"我们先来放'风筝'吧！"

风渐渐增强了。用薄槐木做肋条制成的机翼，在大风中微微颤动，发出"咯吱咯吱"的响声。

"风速——每小时 16 千米！"威尔伯盯着立在地上的风速计，喊着。

"风速——每小时 25 千米！起飞！"威尔伯又喊了一声。飞机却一动不动地待在地上。

"这是怎么回事？"威尔伯扔掉钢绳，拿起风速计，用力摇动着。他对奥维尔说："计算会有错误吗？按照计算，升力已经足够了。你再核对一下。"

"不会错。根据李林塔尔的数据表，当飞机面积为 14 平方米时，载上一个人，也只需要每小时 25 千米的风速……"

"这就怪了！"

这时，风力继续增大。当风速达到每小时 40 千米时，飞机开始活动！

飞机很稳定地慢慢升起。莱特兄弟用力拉紧绳子。他们高兴地喊着什么，但风太大了，谁也听不清楚。这只长约 5.5 米、宽约 1.5 米的"风筝"在头顶上升起。他们感到有一股力量向上牵引，这是很难抗拒的升力！

这仅仅是开始。

"风筝"一次又一次地在海滩上升起来。开始时空载，后来装一袋沙子。莱特兄弟用各种仪器测量机翼的升力和风速之间的关系，还多次改变机翼形状，改进操纵系统设计。此外，他们在海滩上进行载人滑翔训练，由近及远反复练习。

转眼两年过去了，他们的滑翔次数已超 1000 次。但是，他们发现，问题越来越多了。

这一天，在海边的帐篷里，奥维尔看着外面阴沉的天空和依稀飘落的雪花，有些烦恼

莱特兄弟在海滩试飞

地说："看来，我们已经失去了航海的罗盘！我们唯一的理论依据——李林塔尔的数据表错误百出，连计算公式都有问题，怎么继续干呢？简直是盲人走路！"

"困难超出了原来的预料，但成绩也不小。我们的卷翼角操纵法非常成功，这倒令人欣慰。"威尔伯一边烤火，一边说。

"可你知道，没有正确的公式和准确的数据，飞机是无法设计的！"奥维尔激动起来。

"这些，我们也可以自己摸索。"

"哼，谈何容易！"奥维尔更激动了，说，"李林塔尔飞了一辈子，才积累了这些数据。我们要建立公式、校正数据，要花费多少年月和多少资金，你考虑过吗？"他用力一挥手，又说，"该考虑退路了，威尔伯。"

两人默默无语。帐篷被怒吼的狂风吹得摇晃起来，可以听到远处传来隆隆的浪涛声。大自然似乎也在对这两个青年施加压力。

"不！"威尔伯毅然站起来，抓住弟弟的肩头，说，"你忘了腊斯本先生的信吗？你忘了我们的誓言吗？李林塔尔等前辈的牺牲是为了什么？他们不是懦夫，我们也不是懦夫！人类总要上天，谁坚持到底，谁就会胜利！"

奥维尔被感动了。两人紧紧拥抱着，眼里都噙着泪花。

第二天，兄弟二人收拾起飞机和帐篷回家了。他们要在自己的作坊里建立风洞，进行烦琐的数据积累工作。

一切都要从头开始。整个冬天，兄弟二人都在紧张地工作。他们共试验了200多种翅膀形状，并对它们一一进行排列组合，从中寻找最佳方案。他们还寻找合适的发动机。由于怕飞机失败影响工厂的声誉，没有一个工厂愿意为他们试制发动机。无奈之下，他们只得自己制造。

1903年12月14日，一个历史性的时刻到来了！

在基迪霍克海滩上，莱特兄弟正在铺设一条木制的路轨。因为新飞机没有轮子，只能沿路轨滑行起飞。邻近村子的居民，都兴致勃勃地跑来观看。

看，飞机推过来了！这架飞机展开约12米宽的两翼，在海滩上迎风屹立。飞机的翼骨由木头制成，翼骨外边裹着布条。双层机翼看上去并不怎么威武漂亮，但那对称的机身和轻盈的姿态，却使人感到它充满活力。

"可以起飞了。"奥维尔看了一下风速计说。

威尔伯像战壕里准备出击的战士，伏在下面的机翼中间（飞机没有驾驶舱）。他紧握操纵杆，两眼炯炯有神，向前方凝视。

随着一声马达轰鸣，飞机离开滑轨，腾空而起。

飞机刚飞了30米，就落了下来。

"怎么，出事了？"奥维尔忙跑过去。

"没什么。发动机声音不对。"威尔伯尽量使语气平静些。但看得出，他心里很紧张。

两人爬上飞机，修理了一番。

"再试一下吧！"奥维尔说，"这故障是操作失误造成的。你的脸色似乎不太好。"

"我们休息一下吧。"威尔伯不好意思地笑了。

3天以后，这架飞机再次起飞。这天，飞机共飞行了4次，累计在空中停留时间为99.5秒，飞行距离达441米。以今天的观点看，这似乎太微不足道了，但在人类历史上，这些数据却有着划时代的意义。

1909年，莱特兄弟带着改进后的飞机去巴黎表演。飞机载着旅客连续飞行了2.5个小时，还创造了飞行高度204米的世界纪录，一举轰动欧洲。

爱国少年造飞机

莱特兄弟发明飞机后，各国飞行爱好者纷纷参与竞争，各种各样的飞机纷纷问世。1910 年，美国旧金山举行了一次飞行比赛，比赛内容是谁的飞机飞得高、飞得快、飞得远。

这一天，旧金山的海滩广场上人山人海、彩旗招展。人们好奇地围着这些奇特的"大鸟"，问东问西。有的飞机来自欧洲，更多的是美国人自己制造的。设计师们都得意扬扬地站在自己的飞机旁，让记者们拍照。

这时，从广场一角推出了一架体型不大的飞机，顿时广场上一片哗然。

"中国人？"记者们喊了起来。

这几个中国人中，为首的是一个浓眉大眼，年龄二十六七岁的英俊青年。他毫不畏缩，神情坦然，不卑不亢，一直推着飞机来到广场中央。

“注意，飞行比赛现在开始！大家让开，注意安全！”主持人手执红旗，发布命令。

飞机一架接着一架腾空而起。顿时，海滩广场上的马达轰鸣声和欢呼声响成一片。人们戴上太阳镜或用手遮住阳光向天上看去。一架架飞机你追我赶，在海滩广场上空环绕飞行，真是壮观极了！

距离渐渐拉开。有的飞机因燃料耗尽降落了下来，有几架飞机因出现故障只好迫降，剩下的几架飞机则加大马力争夺第一名。这时，有一架体型不大的飞机像箭一般地冲上前去。人们被它的敏捷和速度惊呆了！

“这是中国人的飞机！”有人举着望远镜说，“真了不起！”人们感叹起来。

最终，这架中国人的飞机以速度为每小时105千米、飞行距离为32千米的成绩夺得冠军。它还以飞行高度为213米的成绩，刷新了一年前在法国举办的第一届飞行比赛的世界纪录！

记者们蜂拥而上。这位年轻的中国人手捧奖杯和国际飞行协会颁发的优等证书，眼望着大洋彼岸的祖国，不禁泪水奔涌……

他叫冯如，1884年生于广东恩平，父亲是个农民。

航空传奇

他的四个哥哥，都被死神过早地夺去了生命。为了活命，父亲托冯如的舅舅把冯如带到了美国。那时，冯如才11岁。

到美国后，冯如人生地不熟，到处受到侮辱和欺凌。幸亏旧金山有不少华侨，他们照顾这个孩子，并在教会里为他安排了个勤杂工的差使。冯如年纪虽小，却很勤奋，白天做完繁重的工作，晚上还坚持去夜校学习英语。只用了半年时间，冯如的英语已经说得很流利了。

"你想学什么技术呢？"一位老华侨看到冯如很有出息，决心帮他一把。

"机器制造。"冯如说，"国家要富强，必须有发达的工业，而工业中机器制造是基础。"

"好，我有个朋友在纽约开工厂，你去找他吧！"那位华侨写了一封介绍信，交给了冯如。

在纽约，冯如更加发愤学习技术，每天总是天不亮就起床。在工厂干完规定的工作后，从不东游西逛，而是把全部业余时间都用在自学上。他很快学完了大学的机械学、电学、制图学，并且开始独立设计机器。

冯如设计的打桩机和抽水机，得到专家的赞扬。他组装了一部具有收发功能的无线电台，引起广泛关注。

当冯如再次回到旧金山的时候，已是一位技艺精湛的机械师了。他招收华侨朱竹泉做徒弟，准备开办机械厂。

某日，突然发生的一件事把他的计划打乱了。他在报亭前听到两个美国人的谈话："俄罗斯帝国和日本打起来了！"

"他们竟然跑到中国东北进行较量，而清政府却严守中立。"

冯如看着他们的背影，心里像开了锅的水，再也无法平静。

第二天，冯如和朱竹泉一起，开始奔走募捐。"同胞们，"他大声呼号，"我们都是中国人，能够看着祖国被踩躏、被欺凌吗？我们要拿出行动来建设我们的国防，保卫我们的祖国！""你说怎么办？"华侨们被感动了。

"造飞机！"冯如坚定地说，"当今世界，飞机是最有力的国防武器！"

"能行吗？"有人疑虑地问。

"行！"冯如说，"如果大家信任我，我自愿担任总设计师。"

冯如的热情像火一样激励着华侨们，大家纷纷拿出钱来。1907年，一个由华侨集资创办的飞机制造厂，在旧金山附近的奥克兰开工了！

经过紧张的工作，第一架飞机只用了一年的时间就被造出来了。冯如满怀喜悦地进行试飞。

冯如开动发动机，声音正常。他登上飞机，开动马达。飞机只嗡嗡地响，却动弹不得。

冯如走下飞机，再次对发动机进行试验。谁知刚一开发动机，只听"轰"的一声，发动机着火了。火势迅速蔓延，飞机陷入浓烟烈焰之中。冯如和同伴们急忙救火，但无济于事。

飞机被烧掉了。正当冯如心疼地搓着手时，忽然有人送来了一封信。朱竹泉接过一看，脸色大变。他对冯如说："先生，糟了，奥克兰的工厂发生大火，厂房和设备全被烧光了！"

真是祸不单行！冯如一急，眼前一团漆黑……

朱竹泉赶紧扶住他，焦急地对大家说："快，叫车送医院！"

　　·············

冯如未等痊愈，就和徒弟们搭起了简陋的棚屋，继续干起来。

1909年2月，经过艰苦努力，冯如造出第二架样机。这次样机倒是飞起来了，但刚飞十几米就坠地撞毁了，幸好没人受伤。

这时，募捐而来的资金已经所剩无几。股东们见他多次失败，也失去了信心，不愿再投资。雪上加霜的是，冯如的父母已经年迈，身边没有亲人照顾，多次来信催他回国。徒弟们也有些心灰意懒，不想再干了。

冯如却毫不动摇，把大家召集在一起，动员说："我们难道就这样认输吗？外国人能办到的，为什么我们办不到？我的决心已定，造不出飞机，我决不回国！"

这番话重燃众人斗志。他们节衣缩食，凑出最后一点钱，全部交给冯如。冯如知道，这次是最后的机会了，设计必须格外谨慎。

他认真总结前几次失败的教训，认为飞行中的平衡是关键问题。当时，飞行平衡技术被欧美厂商垄断，所以冯如必须自己探索。

有一天，冯如无意间发现天上有只老鹰在盘旋翱翔。他想到莱特兄弟和其他飞行家都是从鸟儿身上受到启发的，便决定效仿！于是，他目不转睛地盯着老鹰，观察它如何展翼，转弯时如何倾斜，如何上升和下降……

回家后，他找到了女房东。

"能借给我一只鸽子吗？"冯如说。

"你要……"女房东很怀疑地说。

"我保证不伤害它！"冯如忙解释说，"我只是想看看

它的翅膀。"

"那……好吧！"

这天晚上，冯如关上门窗，仔细观察起这只白鸽来。他一会儿测量白鸽身躯的大小，一会儿测量白鸽两翅的宽度，还不时在纸上算个不停。他把白鸽放开，让它飞翔，很快又抓住，对着白鸽端详起来……

"对，这些数据很有价值！"他忽然若有所思地喃喃道。冯如披上大衣，连夜赶到棚屋。

第二天清晨，女房东来到他的卧室。当她看到那只羽毛脱落、无精打采的白鸽时，气得不知说什么好……

经过大小十几次的修改，第三架样机终于完工。

第三架样机的试飞时间定在 1910 年 7 月。当年 10-12 月，冯如在奥克兰进行了飞行表演。当时，中国民主革命的伟大先驱孙中山先生刚好在美国，听到这个消息后非常高兴，也赶去参观。

冯如在众目睽睽之下登上飞机。他先仔细地检查了一下仪表，然后发动引擎。飞机开始滑行，接着如离弦之箭，速度越来越快，直奔蓝天而去……

一架性能优越的新式飞机终于造出来了！孙中山先生在观看后紧握着冯如的手，感慨道："爱国救国的人很多，我为中国有冯如先生这样的人才而高兴！"

冯如的成功，轰动了美国。一些美国老板想重金聘请他，但都被他拒绝了。他在一次华侨聚会时说："我是中国人，无论何时都不能忘记祖国。我的才能很浅薄，但我要把一点一滴全献给祖国。"

1911 年 2 月，冯如带着朱竹泉、朱兆槐和司徒碧如等几个徒弟，冒着凛冽寒风，登船回国了。经过一个月的航行，他回到了阔别 16 年的家乡。

涅斯捷罗夫筋斗

20世纪初，航空界认为：飞机在空中转弯时，必须使机翼保持水平，不许有倾斜；在爬高或俯冲时，角度也要尽量减小。总之，飞机和海中的轮船一样，倾斜太大就要出事。

这条规定并不合理。一个俄罗斯飞行员打破了这个限制。他用实际行动证明，只要操纵得当，飞机不仅可以斜着翅膀飞行，还可以在空中翻筋斗！

俄罗斯加特奇那航空学校位于圣彼得堡郊区，绿树环抱，环境十分幽静。

这所学校的机场上停放着几架法国纽波特型教练机。校长和几位考官身穿整齐的军服，庄严地坐在一排桌子后面，两眼都注视着天空。今天，他们对1912年的毕业生进行单飞考核。

"涅斯捷罗夫！"主考官喊道。

"有！"一个漂亮的小伙子应声出列。

考官们立刻交头接耳，议论起来。这小伙子在学校有点名气，不仅学习成绩优异，而且敢于创新、勇于进取。两个月前，他一个人驾驶气球在空中飘荡了 12 个小时，航程 750 千米，该飞行奇迹光荣地被载入学校的史册。

"这是第几次单飞？"校长亲切地问他。

"报告，第三次！"涅斯捷罗夫严肃回答。

"好，起飞吧！"校长和他握了一下手说。

涅斯捷罗夫的飞机一直向前飞去。但是，高度刚达到 80 米，油箱突然着火了，发动机随之熄火。考官们紧张地全都站了起来。看来，一场可怕的机毁人亡的悲剧很难避免了。

涅斯捷罗夫却毫不慌乱，先略微倾斜了一下飞机翅膀，让飞机对着机场拐弯；然后握住操纵杆，让飞机滑翔下降；最后驾驶着飞机安全停到了机坪上。

这是涅斯捷罗夫创造的又一个奇迹。

毕业后，他来到基辅附近的一个空军中队担任飞行员。有一天，涅斯捷罗夫和来中队访问的飞机设计师进行了一场激烈的争论。

"必须增加翼面刚性。"一位白发苍苍的老设计师说，"只要我们统计一下历史上的飞行事故，就可以发现多数飞行事故是机翼倾斜或仰角、俯角过大造成的。"

"根据我的体会，"涅斯捷罗夫说，"飞机倾斜并不可怕，只要掌握飞行的规律。"

"小伙子，你太幼稚了。"老设计师对他的态度很不满意，略带讥讽地说，"也许，你要建议取消一切飞行设备和仪表。"

"不，仪器是需要的，但不能完全依赖它！"涅斯捷罗夫严肃地说，"应该明确，指挥飞机的是飞行员，而不是仪器。应当而且必须允许飞行员根据情况做各种倾角的飞行。"

"荒唐！难道说，飞行手册中的规定可以随意违背吗？那是以血的代价换来的！"设计师生气了，大声吼道。

从此，涅斯捷罗夫开始发愤研读飞行书籍。他发现，飞行手册中的有些规定并没有可靠的理论依据。例如，飞行手册规定，转弯时双翼要保持水平。实际上，根据向心力原理，适当坡度可提升转弯效率。

涅斯捷罗夫心中有数后便开始进行实践。他在飞行中有意识地倾斜着机翼拐弯，发现这样做不仅方便还稳定。试验成功了！开始时，飞机倾斜的角度较小，慢慢增大，最后，他创造了倾角85°的飞行纪录。由于向心力的作用，飞行员的身体在倾斜拐弯时仍然压在座椅上，没有危险。

下一步，他准备翻筋斗了。

这可是危险的事啊！

我们知道，杂技演员可以在一个大桶壁上表演"飞车"。这需要有相当高的速度，还要有熟练的驾车技巧；如果速度不够或操作失误，杂技演员就会从桶上摔下来。飞机也是如此。

正在这时，飞机中队接收了一批新型飞机。涅斯捷罗夫计算了一下，用它的速度，不但可以在空中翻一个直径50米的筋斗，还可以保证飞行员不从座椅上掉下来（那时飞行员不系安全带）。

"对，就用它试试看！"涅斯捷罗夫下定了决心。

1913年9月9日傍晚，西天铺满晚霞，把蔚蓝的天空衬托得更加美丽。

"准备好了吗？"中队长很欣赏这位年轻人的勇敢，特地前来助威。

"放心吧，一定成功！"涅斯捷罗夫说。

飞机起飞了。几天前涅斯捷罗夫已经做过一次水平面的"8"字形飞行试验。他很清楚，机翼可以在垂直于地面的情况下飞行，关键要冷静、沉着、清醒。

涅斯捷罗夫驾机爬上了1000米的高空。他一方面调整速度，一方面选择表演的"舞台"。他观察了一下仪

表，一切正常。好，就在这儿表演！

涅斯捷罗夫迅速关掉发动机。飞机陡峭地俯冲下来。接着重新启动发动机，猛地向上拉起，翻滚机身，让机身"肚皮"朝上，向后飞去。飞机在空中飞出了一个优美的圆圈，然后再俯冲，改为小角度滑翔，最后拉平下降，缓缓着陆。

这个筋斗翻得太漂亮了！

中队长和同伴们欢呼着拥上去，把涅斯捷罗夫从飞机里抬出来，扔到了天上……

第二天，圣彼得堡的报纸上便刊登了这条新闻。巴黎《世界报》驻圣彼得堡记者，立刻用急电将这条新闻拍发出去。很快，引起了飞行界的轰动。大家给这种筋斗起了个名字叫"涅斯捷罗夫筋斗"。

"喂，敢不敢来个'涅斯捷罗夫筋斗'？"

"你敢，我就敢！"

飞行员们经常这样互相打趣着。

遗憾的是，这位有才华的飞行员在一次战斗中不幸牺牲了。为了纪念涅斯捷罗夫，战友们在他牺牲的地方竖起了一块纪念碑。

艾米独闯万里航线

艾米·约翰逊是英国人。1930年，她曾经独自驾驶飞机，从英国飞到了澳大利亚，轰动了世界。

艾米小时候很倔强，常和男孩子们一起打球，而且顽皮好胜。大学毕业后，她给伦敦的一位律师当秘书。整天抄抄写写的工作，使她很厌烦。有一次，她到郊区看飞机表演。望着蓝天上翱翔的人造雄鹰，她激动不已。"对，我不能在枯燥无味的律师办公室里待一辈子，我要学习飞行。"她暗暗下了决心。

困难很多。加入伦敦飞行俱乐部要花很多钱，艾米毫不吝惜，拿出了自己全部的积蓄。开始学飞行时，她笨手笨脚，驾驶的飞机常在跑道上蹦蹦跳跳，像一匹难以驾驭的野马。但她咬着牙坚持，终于制服了飞机。

最后，艾米以优异的成绩和高超的技艺，给主考官留下了深刻的印象。这位身材窈窕的姑娘，竟敢和小伙子们在天上争高低，真不简单！

艾米并不满足，还要学习飞机的维护和修理。这并不容易，但她不怕。她如饥似渴地看书，并拜一位地勤工程师为老师，每天天还不亮就来到机场，和工程师一起清洗和装配发动机，维修各种机械、仪表。功夫不负有心人，她终于获得了地勤工程师的合格证书。

1930年初，艾米来到伦敦舰队街，找到了《每日邮报》的编辑，说："我要独身一人飞澳大利亚。如果贵报愿意为这次探险提供资助，那么我可以为你们撰写飞行途中的见闻。"

《每日邮报》经常刊登探险记，也常常为飞行员提供资助，但这一次却犹豫了。

"怎么一个娇小的姑娘？"

"别小看我，我是既懂飞行又懂修理的全能飞行员，我坚信我能成功！"艾米解释说。

"不，姑娘。"编辑摇摇头，"这太荒唐了，你应该打消这个念头！这有16093多千米，男飞行员也只有少校欣克勒试飞过。另外，我们的钱也不是谁想要就给谁的。"

艾米碰壁后，又去找正在英国访问的澳大利亚贸易部部长，请求支持。部长以长者的口吻忠告说："勇敢的人不要干蠢事，去澳大利亚最好还是乘轮船。"

艾米并不动摇，继续游说。最后，她终于说服了一个石油大王。那位老板在她购买飞机和燃油的价目单上签了字。

1930 年 5 月 5 日上午，刚落了一阵小雨，天气有些阴冷潮湿。27 岁的艾米大踏步走来了。她向一架写着"吉普赛蛾"字样的小型敞式座舱双翼机走去。

送行的人很少，只有她的父亲和几位朋友。英国新闻界没有人注意到她。对此，她并不在乎。一想到要飞越浩瀚的海洋、荒凉的沙漠、巍峨的群山和茂密的丛林，她的胸中就燃起一团烈火，脸颊泛起红晕。

她微笑着吻了吻父亲的面颊，又向朋友们招招手，便爬上了飞机，开始了远航。

这一天，她来到了高耸入云的土耳其托罗斯山脉。好险的山峰啊，真是重峦起伏，奇峰叠嶂！"吉普赛蛾"飞机由于燃料超载，升限只有 3352.8 米，可托罗斯山脉最高处有 3657.6 米，翻越是不行的。怎么办？

"从山谷中穿过去！"艾米冲进了雾气茫茫的山中。

这是很危险的，稍有疏忽便会落个粉身碎骨的下场！

艾米刚从一团云彩中穿出来，突然发现机翼旁边就是峻峭的山壁，吓出一身冷汗。在绝望中，她一推操纵杆，钻进低空的云层里，立刻陷入完全黑暗之中。

艾米已经无法判断方向，但可以感觉到，飞机仍在飞行。这样持续了大约半分钟。当她的飞机从黑暗的浓云中钻出来时，她发现左机翼径直向一堵山墙撞去。不好！她急忙一个侧转，避开了障碍。此刻，她的神经紧张得快要崩裂了！

这时，艾米发现山中有一段铁路。

"对，应该沿着铁路飞行！"艾米对自己说。

艾米像机警的猎手追逐猎物一样，一会儿升到云顶，一会儿从群山缝隙中钻出。她终于在傍晚时沿着铁路到达了阿勒颇机场。

飞行的第四天，天色突变。一场罕见的大风暴从天而降，"吉普赛蛾"飞机像断线的风筝一样在狂风中颠簸。接着，飞机陷入空中被搅动起来的沙旋涡之中，沙土迷住了艾米的风镜，使她晕头转向。

艾米意识到，现在唯一的生路是在大风中迅速迫降。她握住操纵杆，费了很大劲才把飞机降了下来。

外边的风沙大得使人睁不开眼。她卸下皮箱和工具箱，垫在飞机轮子下边，以防飞机陷入沙中。为了不让狂风把飞机吹翻，她坐在"吉普赛蛾"机尾上，保持平衡。

狂风卷起沙粒，发出一种奇特的声响。

艾米突然想起小时候听爸爸讲过的故事：沙漠里有一种沙狗，谁要是听见沙狗在号哭，谁的末日就要到了！

难道这声音就是沙狗在号哭？

艾米有些害怕了。她从腰中取出一把左轮手枪，严阵以待。

艾米就这样在风暴中坚持了3个小时。风渐渐小了，沙狗也没有出来。"吉普赛蛾"飞机重新飞了起来，傍晚时分到达了巴格达机场。

艾米遇到的危险一个接着一个。在从卡拉奇到阿拉哈巴德的一段飞行中，离目标还有1个多小时的航程时，她忽然发现，油箱快空了。她俯视机下，想找到一个比较宽阔的地方进行迫降。

"找到了！"艾米兴奋地叫了起来。这个小村子旁边有一个操场！她迅速降低高度，向着操场奔去。

"吉普赛蛾"飞机和当时许多轻型飞机一样，是不带刹车装置的。当它平稳地降到操场上以后并不能很快停止，还要继续向前滑行。前面是一棵粗壮的大树，艾米眼睁睁看着大树向飞机扑来。只听"轰"的一声响，机翼折断，树枝和机翼的碎片迸散……

艾米看着撞坏的飞机，发起愁来：这里是荒郊僻野，一无人手，二无材料，怎么修理？她正在发愣，忽听一阵喧哗，一群穿着民族服装的村民来了。

这个村的村民很好客。听说来了飞机，都跑来观看。尤其看到开飞机的是个姑娘，他们更热情了，围上来问长问短。艾米顾不上给自己治伤，便焦急地打听说："请问，你们当中有没有木匠？"

"有啊，我就是。"一位老人站出来说。

"帮帮我，老人家。"艾米指着破碎的机翼说，"现在最要紧的，是赶快把飞机修好。"

"可是，我是做家具的，见都没见过这玩意儿。"老人为难地摇摇头。

"我们一起来，好吗？"艾米恳切地说，"你知道吗？我曾立下誓言，要完成一次长途航行……"

"好吧，让我试试看！"老人答应了。

操场变成了工厂，村民们都来帮忙，有的锯木头，有的削木条。蒙皮布需要缝制，妇女们拿出了针线，戴上了顶针。整整干了一夜，飞机竟然被这些第一次见到飞机的村民们修好了。艾米连连道谢。

"一路顺风，姑娘！"村民们看到飞机冲上了蓝天，

激动地高喊起来。

艾米飞过了孟加拉湾，进入了中南半岛上空。中南半岛莽莽林海，一望无际。艾米看着神话般的绿色海洋，高兴极了。她飞呀飞，看呀看，竟不知不觉迷失了方向。

"仰光，仰光在哪里？"根据航行时间，艾米应该看到仰光的佛塔了。可是，她瞪大眼睛，什么标志也看不到。她看了一下油量表，糟了，油不多了。

绿树丛中出现了一片开阔地。这里好像是一所学校，有一个不大的操场。没有办法，她只好在这儿迫降了。

"吉普赛蛾"飞机风驰电掣一般驰过操场，一直冲过去，一头栽进一条水沟里。

这次损坏更厉害了，不仅机翼折断撕破，起落架的支柱也断了，螺旋桨也撞掉了叶片，飞机看上去已是七零八落。

幸好，这里是一所缅甸工程学校。师生们都愿意帮助她。经过两天两夜的奋战，飞机又被修好了。艾米登上"吉普赛蛾"飞机，准备继续飞行。

"等一等！"一个年轻人从人群中跑出来。他跑到飞机前，抚摸着一块一块的蒙皮补丁，遗憾地说，"这太难看了，美丽的姑娘应该有美丽的飞机……"

"条件所限，已经很不错了！"艾米笑着说。

　　"不行！"年轻人跑回家去，提来一桶涂料。这人是一位药剂师，对涂料很有研究。他临时配制了一种透布油，涂在补过的机翼蒙皮上。蒙皮很快绷紧如新，看不出修补留下的痕迹。

　　艾米继续飞到曼谷，又沿马来半岛飞到新加坡。她想用印度尼西亚的一个岛屿作为最后一个中转站，于是直向爪哇岛的泗水机场飞去。

　　正在这时，暴风雨来了！

　　滚滚的乌云一层层堆积起来，在狂风搅动下翻腾着，霎时天昏地暗。随着一声声惊雷，大雨便瓢泼似的倾泻下来。"吉普赛蛾"飞机的座舱是敞开的，不能挡风雨。大雨劈头盖脸地向艾米打来，她全身都浸在水中，眼睛很难睁开，像处于淋浴中……

　　艾米加大油门，想冲出阴云，但越飞雨越大、风越狂。她换了一个方向，疾速飞去，但仍陷在暴雨之中。怎么办？她弄不清该向哪儿飞。"吉普赛蛾"飞机在风雨中盘旋起来……

　　这样下去是不行的，因为油量有限！

　　狂风怒吼，暴雨倾泻，飞机颤抖不已。艾米面对如此险境仍然镇定自若：要坚持，要抗争，绝不能在临近终点时前功尽弃！

她不顾眼睛的肿痛和全身的极度疲乏，用全部力量握紧操纵杆，寻找冲出乌云的机会。机会终于来了，她看到在乌云的缝隙中有一丝闪动的亮光。

机不可失，她毫不犹豫，加大油门，向着亮光的方向冲去。乌云消失了，前面是湛蓝的天空。艾米看到在海洋中有几个翡翠般的小岛，高兴地笑了！

1930 年 5 月 24 日，艾米完成了 19 天的艰难航程，到达澳大利亚北海岸的达尔文港。

这一天，阳光明媚，天上飘着几朵棉絮般的白云。艾米刚爬出机舱，就被人们包围了起来。原来她在途中接见了几次记者，她的名字已传遍澳大利亚，那里的人们早就盼望着她到来了。

"兴登堡"号的落幕：飞艇时代的终结

飞艇的衰落是从一次震惊世界的事故开始的……

玛丽夫人和她的女儿珍妮今天特别高兴，她们一早就开始梳洗打扮了。

"妈妈，今天真的坐飞艇回美国吗？"珍妮刚六岁，金黄色的头发，长长的睫毛，脸上充满稚气。

"傻孩子，我们在巴黎等了几个月，不就是为了这一天吗？"玛丽是美国驻巴黎大使的夫人，30多岁，很漂亮。她摸摸小珍妮的脸，说，"坐飞艇舒服极了，没有颠簸，没有风浪，在白云间飘浮，简直像神仙一样，太好玩了！"

"不会掉下来吧？"珍妮有些担心。

"放心吧，孩子。'兴登堡'号是世界上最新、最豪华的飞艇，它曾经进行过一次环球航行呢！"玛丽一边说一边提起皮箱。

巴黎郊外航空站上，旅客熙熙攘攘，正在检票进舱。

“兴登堡”号巍然停在半空中。庞大的气球上涂着彩条，令人眼花缭乱；下面吊着一个长几百米的吊舱，像一幢装潢别致的皇宫别墅。广播里说：“今天是 1937 年 5 月 1 日，是‘兴登堡’号今年首次航行日，欢迎旅客乘坐。”

玛丽和珍妮坐进舱室，从窗户里伸出手来摇摆着。“一路顺风！”爸爸来送行了，他举起右手说。

“再见！”珍妮喊道。

随着控制塔发出“解缆启航”的命令，飞艇的螺旋桨旋转起来。巨大的“兴登堡”号就像一座奇特的城堡，直向蓝天升去……

“妈妈，看！海鸥飞得这么低，我们飞得这么高！”珍妮探出头，高兴地喊起来。飞艇下面已是浩瀚的大西洋，湛蓝的海水无边无际。

“是啊，人类终于超过了飞鸟！”玛丽眺望远方，说，“你害怕吗？”

“不！我想飞得再高些，飞到太阳上去！”珍妮眯起眼睛，向上看着。

“有志气！”玛丽笑了笑，说，“那要等你长大以后再说。现在该上床睡觉了。”

“你看到鲸鱼喷水，一定得唤醒我。”珍妮噘着嘴说。

"兴登堡"号在大西洋上连续航行了 6 天，来到了美国新泽西州的莱克赫斯特海军航空总站。

"报告！莱克赫斯特上空发现有猛烈的暴风雨！"观察员向艇长报告。

艇长接过望远镜。前面一团团黑云在翻滚着，隐约有闪电。一股强风正向飞艇吹来，飞艇摇晃起来。

"停止前进！"艇长发布命令。艇长很清楚，飞艇的气球里面装的全是容易燃烧和爆炸的氢气，雷电是可怕的纵火者。

"妈妈，我怕！"珍妮听到了狂风的怒吼，吓得依偎在妈妈怀里。

"不要怕！"玛丽默默看着舱外。这时已经没有了蓝天和碧海，一片灰蒙蒙、阴沉沉，仿佛飞艇进入了一个混沌的世界。

1 小时之后，暴风雨突然停息了。一切又恢复了平静。飞艇顺利地到达航空总站上空。

"开阀！"艇长高兴地喊道，"注意目标位置！"

然而，就在氢气从喷气管喷出的一刹那，"砰"的一声巨响，接着升起一团火焰。火焰迅速蔓延，整个气球变成一团火球……

航空总站警报长鸣。救护车纷纷驰赴现场。"兴登堡"号大火球已坠落到地面，有的人烧死了，有的人摔死了，幸存的人也摔断了胳膊和腿……

　　事故是氢气造成的。因为氢气会燃烧，只要飞艇继续填充氢气，"兴登堡"号之灾就有重演的可能。由于当时还没有找到生产大量氦气——一种安全的不会燃烧的气体的方法，因此只能停止使用飞艇。

　　意大利、法国和英国接连发布了飞艇禁令。不久，拥有飞艇最多的德国和美国也被迫做出类似的决定。在世界上称雄一时的飞艇消失了。

现代航空：
挑战不可能

新中国首飞：
雄鹰展翅

　　1954 年 8 月 1 日，江西洪都飞机制造厂的广场上红旗招展，锣鼓喧天。一架银光闪闪的飞机在雷鸣般的掌声和欢呼声中腾空而起。

　　"同志们，现在宣读毛主席的贺信和朱总司令的题词！"在庆祝大会上，厂长高兴地说。会场上又响起了热烈的掌声。

　　这架飞机的试制过程着实充满了艰辛，绝不是一件容易的事。

　　然而，中国人民从来不会被困难吓倒。工程技术人员为了掌握技术，对苏联制造的"雅克–18"型飞机进行"解剖"，汲取经验。"雅克–18"型飞机是一种初级教练机，在空军训练领域发挥着极为重要的作用。它的最大水平速度为每小时 248 千米，最高升限为 4000 米。

　　要想超过它，必须先掌握它！

工程技术人员在摸透了情况以后，就开始试制了。从1951年冬天开始，经历了3年的时间，工程技术人员终于成功造出了飞机，比预定计划提前了1年2个月。国家鉴定委员会认为，这架飞机符合技术要求，可以进行成批生产。

　　从此，中国不能制造飞机的历史结束了！1956年8月，我国又成功试制了第一架喷气式飞机，把航空事业推向了新的阶段。

5500 米高空跳下幸存奇迹

1944 年 3 月的一天，一架英国作战飞机正在漆黑的夜空中飞行。

一个小伙子，高兴地坐在飞机尾部的后炮舱里，悠闲自得地哼着歌曲。他是英国皇家空军机尾射手、中士尼古拉斯·阿克梅德。

"今天战绩不错。"阿克梅德自言自语道。半个小时前，他们的机群对柏林进行了一次猛烈空袭。

"注意，右边有敌机！"忽然，耳机中响起飞行员的声音。

阿克梅德迅速坐进炮位。他突然感到，飞机剧烈地抖动了一下，一股浓烟喷射出来，掠过后炮塔。接着，飞机倾斜了。

他知道，法西斯有一种夜袭机，惯于在盟军飞机返航时进行偷袭。

"飞机失控了，跳伞吧！"飞行员的声音在耳机中响起。

阿克梅德决定打开机舱的门去取降落伞。机尾射手的伞包放在机舱里。但他刚一拉门，一团烈火就迎面扑来，把他的面具、护膝都烧着了。他看到舱内充满了熊熊大火。显然，伞包已经烧焦了。

这可怎么办？

阿克梅德全身陷入了烈火的包围，火焰烤得他疼痛难忍。在他看来，失去伞包的痛苦，远远没有在烈火中皮肤被烤焦的痛苦大。他决定尽快摆脱这种痛苦。

阿克梅德觉得，自己正头朝下、脚朝上，高速地坠落着。从5500米高空落到地面，大约需要1.5分钟。

阿克梅德毅然打开机尾炮塔的舱门，向舱外的茫茫夜空中扑去。

坠落的速度越来越快。阿克梅德现在已没有任何办法来挽救自己了。

3个小时以后，阿克梅德苏醒过来，发现自己仰卧在小松林的雪地里。周围静悄悄的，一点声音都没有，天上仍缀着星星。"我已经死了

吗？"他一时感到莫名其妙。

阿克梅德用手抚摸着自己的身体。他惊奇地发现，自己除了有几处青肿及一些抓伤、划伤的痕迹外，身体基本完好无缺。他活动了一下手脚，感到很自然。摸了摸心脏，还在扑通扑通地跳着。

阿克梅德最后相信他没有死，还活着。但他并没有因此高兴得手舞足蹈。他一直在雪地里躺着，沉思着。几个小时后，他恢复理智，领悟到这一奇迹的重大意义。他清楚地记得，他没有降落伞，从5500米的高空中跳了下来……

阿克梅德观察了一下周围的环境。松林的积雪特别厚，松树上有许多新的柔软的枝条，密密麻麻地遮在积雪上面。正是它们挽救了坠落者的生命。在离他十几米远的林外，是无雪的旷野。这就是说，要是下落时再偏离一点儿，他就没命了。

"这太偶然了！"阿克梅德激动地站起来，警惕地看了看周围，蹒跚着向前方走去……

飞机与天鹅的惊险碰撞

　　飞机碰到一只飞鸟怎么办呢？也许有人说，一只飞鸟算什么，它和现代大飞机相比，简直就像老鼠见到大象一样。

　　但不要小看一只飞鸟，当它撞上飞机的时候，会引起一连串的灾难。

　　1982年4月的一个傍晚，美国爱达荷空军国民警卫队的训练开始了。一架RF-4C侦察战斗机（代号为"范格45"）冲向机场的一端，接着腾空一跃，飞入暮色之中。

　　飞机的前舱里坐着35岁的飞行员格雷格·恩格尔布莱特；后舱里坐着32岁的领航员弗雷德·威尔逊。

　　飞机来到旧金山上空，在晚霞中以略低于音速的速度飞行着。也许是天上的晚霞太迷人了，他们俩谁也没有注意到有一只约10千克的大天鹅，正自由自在地向着飞机飞来。

"轰"的一声，天鹅撞到了舱盖上。

因为飞机速度很快，这一撞击能量非常大，大约相当于爆炸了一枚直径为27毫米的加农炮弹。舱盖的挡风玻璃立刻粉碎了，碎片在舱内横冲直撞。前舱飞行员格雷格立刻失去了知觉，他的左臂上流着鲜血。坐在后舱的领航员威尔逊由于椅背和仪表板的阻挡，没有受伤。但挡风玻璃已碎，强大的气流带着格雷格的鲜血向后猛吹过来，威尔逊的头盔和风镜上很快沾满了斑斑点点的鲜血。

"范格45呼叫！"威尔逊冲着头盔上的送话器喊了起来。由于舱内的风声很大，他连自己讲话的声音都听不见，但还是拼命喊着："我们在机场以西方位角265°方向，高度为304.8米，遭到一只大鸟的突然袭击，座舱严重破坏！"

因为格雷格失去了知觉，飞机无人控制，不停地上下颠簸着。下面是起伏的山峦，飞机随时有撞山的危险。威尔逊忽然醒悟过来，抓住了后舱的操纵杆。

这种飞机采用新的复式操纵法。也就是说，前舱和后舱的人都可以进行操纵。因此，当威尔逊抓住操纵杆后，飞机很快就稳定了。

但要使飞机降落，必须放下襟翼、起落架和着陆钩。控制这些部件的操纵机构都安装在前舱内。这就是说，如果格雷格一直昏迷不醒，飞机就永远无法安全着陆。

狂风呼啸，碎片仍然在舱内飞舞，舱盖两侧挂满了下流的鲜血。威尔逊虽然手握操纵杆，但驾驶员的靠背椅把视线遮住了，他只能从右侧一小块干净的玻璃处看着外面。显然，这样是很难把握方向的。

威尔逊虽是个领航员，但也懂飞行技术。他知道，操纵杆向后拉是减速，可以缓和高速气流的吼叫声。于是，他这样做了，还把左侧的油门杆向后收。

飞机的速度顿时慢了下来，风力也小多了。

"格雷格！格雷格！"威尔逊通过内部对讲机大声向前舱呼叫，"你醒一醒！"

前舱没有回答。

"格雷格！格雷格！"威尔逊反复呼叫着，"要放下襟翼，放下起落架！"

前舱仍没有人回答。

威尔逊看了看仪表盘，现在飞机的飞行高度是1524

米。他把操纵杆推了推，把速度调整在每小时434.52千米。他知道，这个速度最省油。

忽然，威尔逊看到仪表盘上的灯亮了。灯亮说明起落架和襟翼已经放下来了。

他兴奋地大喊："格雷格，你醒了！"可是，格雷格只苏醒了一刹那，就又失去了知觉。他还没来得及把着陆钩放下来。

"范格45，我们的雷达已发现了你。出了什么事？"耳机中传来地面指挥中心平静的声音。

"我是范格45。我们受到了天鹅的撞击，座舱被破坏，驾驶员已经失去知觉，飞机着陆很困难。"威尔逊说。

"范格45，请原地盘旋。我们将派一架飞机为你导航。"一会儿，耳机中又响起声音。

5分钟后，威尔逊从那一小块干净玻璃处，看到在他的机翼附近有一架飞机在飞行。

"范格45，我是范格44，请你跟着我飞。"导航机开始对他呼叫，"不要怕，你的襟翼和起落架都放下来了，看上去一切正常。"

威尔逊有了信心，激动地说："明白了，让我们着陆吧！"

"范格45，请注意。我们要到霍姆山空军基地降落，那儿条件好一些。请紧跟我飞。"导航飞机再次呼叫起来。"高度——762米，航向——300°。稳住，前面是霍姆山机场！"耳机中又响起声音。威尔逊握住操纵杆，紧跟着导航飞机。731米！670米！609米！飞机迅速下降。威尔逊这时想，要是放下着陆钩该多好呀！没有着陆钩，飞机有可能冲出跑道，造成伤亡。但是，有什么办法呢？

正在这时，威尔逊发现，仪表盘上的黄色警告灯亮了。这说明，飞机出现了严重故障。按照规定，灯亮后几秒钟，飞行员就必须跳伞。●━━━━━━━○

"不，不能跳伞！"威尔逊暗暗下定决心，尽量平静地向导航飞机报告了情况。

过了一会儿，导航飞机回答道："范格45，请放心。着陆钩已经放下了，一切正常。可能是着陆钩触动了警报器！"

什么？着陆钩放下了？威尔逊急忙从缝隙中看向前舱的格雷格。但格雷格仍一动不动，刚才苏醒了一会儿，现在又昏迷了。

随着一声刺耳的摩擦声，飞机降落到了跑道上。着陆钩立刻勾住了拦阻索，飞机突然慢了下来。

那架导航飞机擦边而过，冲向跑道尽头，随后腾空而

飞机与天鹅的惊险碰撞

起，飞回它自己的基地去了。

威尔逊打开舱盖，对着昏迷的格雷格兴奋地说："我们着陆了！我们胜利了！"但格雷格仍在昏迷中，全身沾满天鹅和自己的鲜血，左臂受伤，左肩上有个大裂口。医师立即对格雷格进行急救。幸运的是，他被救活了。

"格雷格，我一直想不明白，你在昏迷中怎么能知道何时该放襟翼和起落架？何时该放着陆钩呢？"威尔逊后来问他。

"这个，我也搞不清楚。"

…………

"范格45"着陆需要进行一系列复杂操作，这是因为它是一架高速的喷气式飞机。喷气式飞机是第二次世界大战期间德国首先研制出来的。1947年10月14日，一架美国喷气式飞机首先突破了"声障"，这就是说飞机飞得比声音速度还快。从此，人类的飞行进入了"喷气时代"。

"运-10"客机挑战世界屋脊

　　"运-10"客机，是我国自行设计和制造的第一架大型喷气客机。它的成功说明中国人民有志气、有能力自立于世界民族之林！它如同报春的红梅，预示着祖国航空工业万紫千红的盛春来到了！

　　1984年1月31日，成都充满春节前的节日气氛，爆竹声此起彼伏。而在成都的双流机场上，"运-10"客机正在寒风中屹立，进行通电检查。它准备飞往国内海拔最高的机场——拉萨贡嘎国际机场。

　　这是对它的最严峻的考验。拉萨贡嘎国际机场位于"世界屋脊"，海拔高达3000多米，地势险峻，气象复杂，被人们称为"空中禁区"。"运-10"客机途中还要翻越海拔7000多米的贡嘎山和其他众多巍峨的群峰，可不容易啊！

　　机场上的各种信号灯都亮了，有的橘黄，有的深红，有的纯蓝，有的重紫，真是五彩缤纷、绚丽多彩！"运-10"客机上的灯也亮了，闪闪烁烁，熠熠生辉！刚过凌晨，夜色刚刚消退，"运-10"客机的四台强大喷气发动机便一齐呼啸起来。接着，巨大的身影冲破机场的迷雾，腾空而起，向西方飞去……

"好暖和呀！"一位记者还没忘记成都街头的寒风凉雪，感慨地说。机外已是零下30摄氏度，可机舱内却温暖如春。

8分钟后，飞机进入雪山上空。

从机窗望去，展现在眼前的是一个神奇的世界。一座座白雪皑皑的冰峰，穿破白云矗立着。"运-10"客机就像巨大的破冰船，在"南极洲"破冰前进！

"那是什么？"记者忽然发现在冰妆玉砌之中有一颗碧绿的宝石。

"那是高山上的湖泊！太美了！"一位戴眼镜的中年人解释说。

"啊，您不是参加研制'运-10'客机的周工程师吗？"记者突然发现了他，高兴极了，拉着他说，"请您详细介绍一下'运-10'客机的情况。"

"从技术上说，它是悬臂式下单翼结构，翅膀剖面比'波音'尖，它不是第二代的层流翼，而是第三代的尖峰

翼，阻力小，气动性能优良……"周工程师滔滔不绝地讲起来。

"您讲慢一点，我是个外行。"记者打断他的话，说，"听说研制它费了不少周折。"

"工作量是很大的，技术难点很多。但我们没有退缩，一步一个脚印。不到3年时间，设计了14万张图纸，这相当于设计一般歼击机7倍的工作量。我们还使用电子计算机技术，编制了138项程序，进行了160多项模拟试验。全国共有200多家工厂参加了研制工作。"周工程师说。

"我们这架客机和世界水平相比如何？"记者尖锐地提出问题。

"你也许知道，全世界的运输类飞机早期都是螺旋桨式的。第二次世界大战后，运输类飞机实现了喷气化。这是个重要的里程碑。从此，旅客们可以在对流层以上的平流层飞行，舒适多了。短短十几年，客运人数便增加了几十倍。我国研制成功的这种可载客150多人的客机，接近世界水平。某些方面，如速度和对国内机场、航线的适应性，超过了客机波音707、三叉戟、伊尔62……"

这时，女乘务员送来饮料和点心，大家活跃了起来。"这太叫人兴奋了！"记者说。

"我们从1980年9月首次试飞，已经先后飞抵北京、合肥、哈尔滨、乌鲁木齐、广州、昆明，并进行了一系列性能测试。美国《航空周刊》报道了波音公司副总裁斯坦因纳的评论。他认为，'运–10'客机有其独特的优点，'任何说中国复制了整架波音707的人，是不了解中国今天的现状'。可以说，'运–10'客机在国际上为中国争得了荣誉。"周工程师说到这儿，也激动起来。

就在这时，飞机突然颠簸了一下，桌上的杯子落到了地板上，有几个人从座位上被抛了起来。

"怎么了？"记者吃惊地问道。

"没什么，拉萨的高原气流大概想给我们点颜色看看！"周工程师满不在乎地笑着说，"不过，它看错对象了。对于'运–10'客机而言，这顶多算打个喷嚏而已！"

飞机在大伙的笑声中呼啸着冲上高空，越过了海拔7000多米的贡嘎山，一直向前飞去。

拉萨到了！

山谷中一条狭长的跑道就在面前。飞机飞进了峡谷，机外的景物风驰电掣般闪过，飞行高度迅速下降。驾驶员聚精会神地操纵着飞机。由于高原空气稀薄，飞机着陆时

速度比较大，滑跑距离要长一些，因此能否顺利着陆还是个问题。

主轮着地了，机舱内可以明显感到主轮滑跑造成的颠簸。前轮着地了，飞机继续滑跑着，向前冲去。驾驶员打开了反推力装置，飞机减速了，最后，平平稳稳地停在跑道上。

"成功了！"

"我们胜利了！"

机舱内响起热烈的掌声和欢呼声。

战斗在高原机场的部队和民航领导都来了。他们激动地握住机组人员的手，说："自从这个机场建立以来，飞来的飞机都是外国人造的。今天能看到我国自己制造的大客机，真叫人兴奋！"他们围着"运–10"客机的工程师问这问那，不想离开。周工程师刚到高原，气喘不已，但也顾不得休息，热情地讲解起来。

"运–10"客机傲然屹立在雅鲁藏布江畔，雄姿挺拔、银光闪耀。飞机上鲜红的国旗和机徽，鲜明夺目。记

"运–10"客机挑战世界屋脊　**121**

者抓紧时间，拍摄下了它矫健的身影。

90分钟后，"运-10"客机告别了白雪覆盖的唐古拉山，开始返航。返航时是顺风，飞机飞行得更快了。古代人曾用"一日千里"来形容高速度，"运-10"已达到"一时千里"的水平！

"周工程师，今后有什么打算？"记者看到他正闭目遐想、若有所思，不禁问起来。

"不是常听人说'海阔凭鱼跃，天高任鸟飞'吗？我们的国家正在蓬勃发展，可谓前程无量。航空事业当然也不能落后。我们刚才攀登了一座高峰，可高峰是无穷尽的。我们要看到自己的不足和差距，不断地去探索、去攀登！我特别希望青少年们努力学习，把翅膀练得硬一些，飞向新的高度！"

飞机沐浴着灿烂的阳光，在神州大地上空疾速飞行……